《数学中的小问题大定理》丛书（第二辑）

初等数论经典例题

孙琦　曹珍富　编著

◎ 整除

◎ 有限域上的本原多项式

◎ 费马小定理

◎ 切比雪夫不等式

◎ Pell方程

HITP

哈尔滨工业大学出版社

HARBIN INSTITUTE OF TECHNOLOGY PRESS

内容简介

本书主要涉及初等数论的相关知识,共选编了 62 道较经典的初等数论题目和它们的解答,并在后面列出了所需要的定义和定理.通过这些题目和解答,能增强读者解决数学问题的能力.

本书可供从事这一数学分支或相关学科的数学工作者、大学生以及数学爱好者研读.

图书在版编目(CIP)数据

初等数论经典例题/孙琦,曹珍富编著. —哈尔滨:哈尔滨工业大学出版社,2012.7(2023.3 重印)
ISBN 978-7-5603-3647-3

Ⅰ.①初… Ⅱ.①孙… ②曹… Ⅲ.①初等数论-题解 Ⅳ.①O156.1-44

中国版本图书馆 CIP 数据核字(2012)第 160483 号

策划编辑	刘培杰　张永芹
责任编辑	王　慧　张　佳
封面设计	孙茵艾
出版发行	哈尔滨工业大学出版社
社　　址	哈尔滨市南岗区复华四道街 10 号　邮编 150006
传　　真	0451-86414749
网　　址	http://hitpress.hit.edu.cn
印　　刷	哈尔滨市石桥印务有限公司
开　　本	787mm×960mm　1/16　印张 9.25　字数 81 千字
版　　次	2012 年 7 月第 1 版　2023 年 3 月第 2 次印刷
书　　号	ISBN 978-7-5603-3647-3
定　　价	18.00 元

前　言

━━━━━

　　这里编著了 62 个初等数论经典例题,除每题都有详细解答外,大多数例题都给出了评注和参考文献,以指明其出处,或介绍它们的背景,供读者进一步阅读. 这些例题包含以下三方面内容:

　　1. 与初等数论基础知识有关的习题,涉及整除性理论、同余式、数论函数($\varphi(n)$, $d(n)$, $\pi(n)$ 等)、二次剩余中的 Jacobi 符号、元根、Pell 方程等.

　　2. 某些经典结果和问题的有关研究工作,如早期 Fermat 大定理研究中的 Germain 定理,偶指数情形的 Catalan 猜想和柯召方法,Chevally 定理

1

及其应用,一个同余式的解数在 Weil 猜想中的应用,运用 Pell 方程的性质研究组合数学中的 Hall 方程,不定方程的幂数比较法,加法数论的一些结果,计算 Smith 矩阵的行列式值,多元置换多项式的几个基本性质,等.

3. 初等数论在密码学、计算数论、有限域上的算术等领域的若干应用,如 RSA 的小指数攻击和共模攻击,基于二次剩余的公钥加密方案及其改进,有限域 F_p 上 n 阶可逆阵与经典 Hill 对称密码,正整数的标准二进制表示及其含零元最少的良好性质(可用于有限域上椭圆曲线公钥密码体制),有限域上元根的 Golomb 猜想,在一定条件下分解 N 和计算 $\varphi(N)$ 或计算 $\mathrm{ord}_N(2)$ 的等价性,等.

众所周知,初等数论是数论的一个分支,主要用算术方法研究整数的性质,是一门重要的数学基础课. 它的许多定理和方法,不仅在数学的其他分支,而且在一些应用学科中,都有广泛的应用. 初等数论课程中的习题,是学习初等数论的重要环节. 通过阅读例题和做习题,可以更好地理解和掌握课程中的概念、定理和方法. 因此,我们希望《初等数论经典例题》这本小册子,能够为学习初等数论的读者,提供一点帮助. 此外,这本小册子的大部分题目是我们在长期教学和科研实践中提出的,尤其是在现代密码学中提炼的题目,希望对从事数论和密码学研究的有关读者也能有一点帮助.

1979 年,上海教育出版社出版了柯召先生和孙琦合编的一本小册子,叫做《初等数论 100 例》,是他们在教学中积累的一部分题目. 最近,哈尔滨工业大学出版社重版了该书. 可以说,这里编著的62道例题传承了《初等数论100例》的风格,用到的知识虽然不多,但比较灵活,有一定难度,其中有的例题构思精巧,证明简洁,体现了数学之美,这也为数学的素质教育提供了一些例题.

2012年11月8日,是柯召先生逝世10周年的日子,我们谨以此书作为对柯召先生的纪念.

作者也感谢为本书的整理、打字付出劳动的几位研究生.

限于我们的水平,书中难免有缺点和疏漏,尚祈读者指正.

作者
2012年3月

目 录

1

初等数论 62 例

第1章

1. 证明不定方程

$$4xyz - x - y - t^2 = 0 \qquad (1)$$

无正整数解 x,y,z,t.

证 由方程(1)可得

$$(4xz - 1)(4yz - 1) = 4zt^2 + 1 \qquad (2)$$

如果方程(1)有正整数解,则由式(2)推出

$$(2zt)^2 \equiv -z\,(\mathrm{mod}(4yz - 1)) \qquad (3)$$

设 $z = 2^{\alpha}z'$, $\alpha \geq 0$ 是整数, z' 是奇数. 于是, Jacobi 符号

$$\left(\frac{-z}{4yz-1}\right) = \left(\frac{-1}{4yz-1}\right)\left(\frac{2^{\alpha}}{4yz-1}\right) \cdot$$
$$\left(\frac{z'}{4yz-1}\right)$$

$$= (-1)\left(\frac{2}{4yz-1}\right)^{\alpha} \cdot$$

$$(-1)^{\left(\frac{4yz-2}{2}\right)\left(\frac{z'-1}{2}\right)}\left(\frac{4yz-1}{z'}\right)$$

$$= (-1)(-1)^{\left(\frac{z'-1}{2}\right)}\left(\frac{-1}{z'}\right)$$

$$= -1$$

与式(3)矛盾,故方程(1)无正整数解.

2. 设正整数 ξ 和 η 是 Pell 方程

$$x^2 - Dy^2 = 1 \tag{1}$$

的一组解,且满足

$$\xi > \frac{1}{2}\eta^2 - 1 \tag{2}$$

则 (ξ, η) 是方程(1)的基本解.

证 设 (x_0, y_0) 是方程(1)的基本解,$\varepsilon = x_0 + y_0\sqrt{D}$,则有

$$\xi + \eta\sqrt{D} = \varepsilon^n, n > 0 \tag{3}$$

故

$$\xi = \frac{\varepsilon^n + \bar{\varepsilon}^n}{2}, \eta = \frac{\varepsilon^n - \bar{\varepsilon}^n}{2\sqrt{D}}, \bar{\varepsilon} = x_0 - y_0\sqrt{D} \tag{4}$$

由式(2)和式(4)得

$$\xi = \frac{\varepsilon^n + \bar{\varepsilon}^n}{2} > \frac{1}{2}\eta^2 - 1 = \frac{\varepsilon^{2n} + \bar{\varepsilon}^{2n} - 2}{8D} - 1$$

即得

$$4D(\varepsilon^n + \bar{\varepsilon}^n) > \varepsilon^{2n} + \bar{\varepsilon}^{2n} - 2 - 8D$$

$$(\varepsilon^n + \bar{\varepsilon}^n)^2 - 4D(\varepsilon^n + \bar{\varepsilon}^n) - 8D - 4 < 0$$

$$(\varepsilon^n + \bar{\varepsilon}^n + 2)(\varepsilon^n + \bar{\varepsilon}^n - (4D + 2)) < 0$$

故

$$\varepsilon^n + \bar{\varepsilon}^n < 4D + 2 \qquad (5)$$

然而,当 $n \geqslant 2$ 时,有

$$
\begin{aligned}
\varepsilon^n + \bar{\varepsilon}^n &\geqslant \varepsilon^2 + \bar{\varepsilon}^2 \\
&= 2(x_0^2 + Dy_0^2) \\
&= 2(2Dy_0^2 + 1) \geqslant 4D + 2
\end{aligned}
$$

与式(5)矛盾. 故得

$$n = 1$$

由式(3)推出

$$\varepsilon = \xi + \eta\sqrt{D}$$

注 此题的另一证明,可参阅[1],[2].

Pell 方程的基本解与二次域的基本单位数,有着密切联系;在本书中我们还将看到用 Pell 方程来解高次不定方程的例子. 20 世纪 20 年代末,Perron 曾得到有关 Pell 方程的一个经典结果:设 $D > 2$ 是一个无平方因子的整数,则在下面三个不定方程中,至多有一个方程有整数解

$$x^2 - Dy^2 = -1, x^2 - Dy^2 = 2, x^2 - Dy^2 = -2 \qquad (6)$$

Yokoi 在研究类数为 1 的实二次域 $Q(\sqrt{D})$ 时,引进了一些新的 D - 不变量,及其与式(6)中三个方程可解性之间的关系,同时提出了一个猜想(参阅文献[3]). 1996 年,袁平之把 Perron 的结果推广到广义 Pell 方程 $kx^2 - ly^2 = 1, 2, k > 1, l > 0, (k, l) = 1$,并证明了 Yokoi 提出的猜想(参阅文献[4]).

关于广义 Pell 方程的基本性质及其应用,可参阅文献[5],[6].

[1] 柯召,孙琦. 谈谈不定方程[M]. 上海:上海教育
    出版社,1980;哈尔滨:哈尔滨工业大学出版社,

2011.

[2] 曹珍富. 丢番图方程引论[M]. 哈尔滨:哈尔滨工业大学出版社,2012.

[3] YOKOI H. New invariants and class number problem in quadratic fields[J]. Nagoya Math. J. ,1993,132:175 – 197.

[4] YUAN Pingzhi. D-invariants and the solvability of $kx^2 - ly^2 = 1,2$[J]. Japanese:J. of Math. ,1996(2):355 – 361.

[5] 孙琦,袁平之. 关于丢番图方程$\dfrac{ax^n - 1}{ax - 1} = y^2$和$\dfrac{ax^n + 1}{ax + 1}$[J]. 四川大学学报:自然科学版,1989(26):20 – 24.

[6] 曹珍富. 不定方程及其应用[M]. 上海:上海交通大学出版社,2000.

3. 证明:设 p 是一个素数,$p \equiv 1 \pmod 4$,则 Pell 方程

$$x^2 - py^2 = -1 \tag{1}$$

有整数解 x,y.

证 设 (x_0,y_0) 是 $x^2 - py^2 = 1$ 的基本解. 显然,x_0,y_0 是一奇一偶. 如果 x_0 是偶,y_0 是奇,则有

$$x_0^2 - py_0^2 = 1$$

取模 4 得矛盾结果 $-1 \equiv 1 \pmod 4$. 因此,只能是 x_0 是奇,y_0 是偶. 由 $\dfrac{x_0 + 1}{2}$ 与 $\dfrac{x_0 - 1}{2}$ 相差 1 知

$$\left(\frac{x_0 + 1}{2}, \frac{x_0 - 1}{2} \right) = 1$$

再由

$$\frac{x_0-1}{2}\cdot\frac{x_0+1}{2}=\frac{x_0^2-1}{4}=\frac{py_0^2}{4}=p\left(\frac{y_0}{2}\right)^2$$

得

$$\frac{x_0-1}{2}=pu^2,\frac{x_0+1}{2}=v^2,y_0=2uv,v>0,u>0 \quad (2)$$

或

$$\frac{x_0-1}{2}=u^2,\frac{x_0+1}{2}=pv^2,y_0=2uv,v>0,u>0 \quad (3)$$

式(2)给出

$$v^2-pu^2=1$$

而 $u=\dfrac{y_0}{2v}<y_0$，与 y_0 最小矛盾. 式(3)给出

$$u^2-pv^2=-1$$

故 Pell 方程(1)有整数解 $x=u,y=v$.

　　注　Pell 方程(1)的全部整数解 x,y，由

$$x+y\sqrt{p}=\pm(u+v\sqrt{p})^{2n+1}$$

给出，其中 n 取任意整数，u,v 由式(3)给出. 2 题和 3 题是 Pell 方程的两个基本性质，最早出现在 Nagell 的一本名著中，参见[1]. 2 题所引的文献[1]和[2]也曾编入.

[1]　NAGELL T. Introduction to Number Theory. Almqvist and Wiksen, Stockholm；John Wiley and Sons Inc.，New York，1959.

4. 证明不定方程

$$x^2+x=y^4+y^3+y^2+y \quad (1)$$

仅有 6 组整数解 $(x,y)=(0,-1),(-1,-1)$，

$(0,0),(-1,0),(5,2),(-6,2)$.

证 在方程(1)的两边乘以 4,再加 1,可得

$$(2x+1)^2 = (2y^2+y)^2 + 3y^2 + 4y + 1$$
$$= (2y^2+y+1)^2 - (y^2-2y) \qquad (2)$$

易知,如果 y 是整数且不等于 $-1,0,1$ 和 2,则

$$3y^2 + 4y + 1 = (3y+1)(y+1) > 0$$

和

$$y^2 - 2y > 0$$

同时成立,由式(2)即得

$$(2y^2+y)^2 < (2x+1)^2 < (2y^2+y+1)^2 \qquad (3)$$

这表明,$(2x+1)^2$ 在两个连续的平方数之间. 当 x 是整数时,式(3)不成立. 这就证明了在 $y \neq -1,0,1,2$ 时,方程(1)无整数解 x,y. 于是,在方程(1)中令 $y = -1,0,1,2$,除 $y=1$ 无解外,$y=-1,0$ 和 2 得到题中仅有的 6 组解.

注 这个题目源于一个著名的数论问题:设 p,q 是两个不同的素数,求不定方程

$$\frac{x^p - 1}{x - 1} = \frac{y^q - 1}{y - 1}$$

的整数解. 当 $p=3,q=5$ 时,此问题就退化为本题. 更多研究可看文献[1].

[1] 曹珍富. 不定方程及其应用[M]. 上海:上海交通大学出版社,2000.

5. 设 p 是一个素数,而且把它的各位数字交换后仍是素数,则称 p 是一个绝对素数. 证明:绝对素数不能有多于 3 个不同的数字.

证 显然,能组成绝对素数的数字只可能有 1,3,7,9. 由计算知

1 379,3 179,9 137,7 913,1 397,3 197,7 139

是模 7 的一组完全剩余系. 故对任给的整数 M,数组

$$M + 1\ 379, M + 3\ 179, M + 9\ 137, M + 7\ 913,$$

$$M + 1\ 397, M + 3\ 197, M + 7\ 139 \qquad (1)$$

也是模 7 的一组完全剩余系,即知数组(1)中恰有一个被 7 整除. 这就证明了绝对素数不能有多于 3 个不同的数字.

6. 求出所有的正整数,使得其中每一个都等于这个数本身因数个数的平方.

证 显然,1 满足要求. 现设

$$n > 1, n = p_1^{\alpha_1} \cdots p_l^{\alpha_l}$$

是 n 的标准分解式. 令 $m = d(n)$,$d(n)$ 表示 n 的因子的个数,熟知,$m = (\alpha_1 + 1) \cdots (\alpha_l + 1)$. 设 $n = m^2$,可得 $\alpha_i, i = 1, \cdots, l$ 均为偶数,故 $m > 1$ 是一个奇数,设 $m = 2k + 1 (k > 0)$. n 的因子除去 m 外,n 的任一对因子 a_i,$\dfrac{n}{a_i}$,其中恰有一个,不妨设为 a_i,$a_i < m$,$i = 1, \cdots, k$,它们正好是小于 m 的全体奇数 $1, 3, \cdots, 2k - 1$,故 $2k - 1$ 整除 n. 而

$$n = m^2 = (2k + 1)^2 = (2k - 1)^2 + 8k$$

由此推出 $2k - 1$ 整除 k. 此时仅当 $k = 1$,即 $n = 9$ 才成立. 而 $n = 9$ 时,满足题目的要求. 这就证明了仅当 $n = 1$ 和 9 时,$n = d^2(n)$ 成立.

注 著名数学问题的特例经常会成为数学竞赛试题.

第 4,5,6 三题分别选自"全苏数学奥林匹克试题"第 89,386,426 三题[1]. 其中 89 题较难,解题方法是一种常用的平方数处理手段,我们采用了该书的解答. 对于第 386,426 题,该书只给出简单的提示,我们给出了详细解答,并改正了 386 题提示中一处错误:"而对任意的 M,数 $M+1\ 379$,$M+3\ 179$,$M+9\ 137$,$M+7\ 913$,$M+1\ 397$,$M+3\ 197$,$M+7\ 139$ 都能被 7 整除",应改为"恰有一个数被 7 整除".

[1] ВАСИЛЬЕВ Н Б,ЕГОРОВ А А,著. 李墨卿,等译. 济南:山东教育出版社,1990.

7. 设 n 是一个正整数,$a_1,\cdots,a_n$ 是 n 个正整数,满足 $a_i \mid n$,$i=1,2,\cdots,n$,则存在一个非空子集 $S \subseteq \{1,2,\cdots,n\}$,使得

$$\sum_{j \in S} a_j = n \qquad (1)$$

证 不妨设 $n>1$,对 $1 \leqslant i \leqslant n$,令

$$L_i = \{a_{j_1} + \cdots + a_{j_t} \mid 1 \leqslant j_1 < \cdots < j_t \leqslant i, 1 \leqslant t \leqslant i\} \cap \{1,2,\cdots,n\}$$

例如

$$L_1 = \{a_1\}, L_2 = \{a_1, a_2, a_1 + a_2\} \cap \{1,2,\cdots,n\}, \cdots$$

显然有

$$L_1 \subseteq L_2 \subseteq \cdots \subseteq L_n \qquad (2)$$

由于 L_n 表示 $\{1,2,\cdots,n\}$ 与 $\{a_1,\cdots,a_n\}$ 的每一个非空子集中诸元之和所组成的集的交集,所以式(1)成立等价于 $n \in L_n$.

如果 $n \notin L_n$,由式(2)知 $n \notin L_j$,$j=1,\cdots,n-1$,且 $|L_n| < n$,而 $L_1 = \{a_1\}$ 推出 $|L_1| \geqslant 1$,从而有 k 使得

$$|L_{k-1}| \geqslant k-1, |L_k| < k$$

这里 $2 \leqslant k \leqslant n$，故

$$|L_k| \leqslant k-1$$

另一方面，由式(2)可得

$$|L_{k-1}| \leqslant |L_k| \leqslant k-1 \leqslant |L_{k-1}|$$

故

$$|L_{k-1}| = |L_k|, L_k = L_{k-1}, a_k \in L_k, a_k \in L_{k-1}$$

于是

$$a_k = a_{j_1} + \cdots + a_{j_t}, 1 \leqslant j_1 < \cdots < j_t \leqslant k-1$$

可得

$$2a_k = a_k + a_{j_1} + \cdots + a_{j_t} \in L_k = L_{k-1}$$

同理

$$3a_k = a_k + 2a_k \in L_k = L_{k-1}, \cdots$$

$$n = \frac{n}{a_k} a_k$$

$$= a_k + (\frac{n}{a_k} - 1) a_k \in L_k = L_{k-1}$$

即

$$n \in L_k$$

由式(2)，与 $n \notin L_k$ 矛盾.

注　此问题是由 Erdös 和 Lemke 提出的一个猜想中最值得探讨的部分. 猜想的完整证明见[1]，这里是部分猜想的简化证明，编选时略加改动.

[1]　LEMKE P, KLEITMAN D. An addition theorem on the integer modulo n [J]. J. Number Theory, 1989(31):335 – 345.

8. 证明：一正整数为其诸因数(除本身外)之积的充分必要条件是此数为一素数的立方，或为两个不

同素数的积.

证 设 $n = p^3$ 或 $n = pq$，这里 p, q 为素数，$p \neq q$，则

$$\prod_{d \mid p^3, d \neq p^3} d = p \cdot p^2 = p^3$$

或

$$\prod_{d \mid pq, d \neq pq} d = pq$$

反之，设 $n > 1$ 是一个整数，满足

$$\prod_{d \mid n} d = n^2, \quad \prod_{d \mid n} \frac{n}{d} = n^2$$

可得

$$\prod_{d \mid n} n = n^4 \tag{1}$$

设 $n = p_1^{\alpha_1} \cdots p_l^{\alpha_l}$ 为 n 的标准分解式，故

$$d(n) = (\alpha_1 + 1) \cdots (\alpha_l + 1)$$

为 n 的因子个数. 由式 (1) 可得

$$n^{d(n)} = n^4 \tag{2}$$

再由式 (2) 得

$$(\alpha_1 + 1) \cdots (\alpha_l + 1) = 4$$

推出

$$l = 1, \alpha_1 = 3 \text{ 或 } l = 2, \alpha_1 = \alpha_2 = 1$$

即 n 为一素数的立方或 n 为两个不同素数之积.

注 本题选自文献 $[1]$ 中的一个习题.

[1] 华罗庚. 数论导引[M]. 北京:科学出版社, 1957.

9. 设 $2k > 0$，集 $A = \{a_1, \cdots, a_{\varphi(2k)}\}$ 表示小于 $2k$ 且与 $2k$ 互素的全体正整数所组成的集，定义

$$A + A = \{ <a_i + a_j>_{2k} \mid a_i \in A, a_j \in A, i, j = 1, 2, \cdots, \varphi(2k) \}$$

则

$$\{2f - 2 \mid f = 1, 2, \cdots, k\} \subseteq A + A \qquad (1)$$

这里,记号 $<a>_{2k}$ 表示整数 a 模 $2k$ 的最小非负剩余,$\varphi(n)$ 为 Euler 函数.

证 当 $k = 2^m$ 时,$\varphi(2k) = \varphi(2^{m+1}) = 2^m$,由于

$$2f - 2 = (2f - 3) + 1, f = 2, 3, \cdots, 2^m$$

及

$$0 \equiv (2^{m+1} - 1) + 1 (\bmod 2^{m+1})$$

知式(1)成立. 现对 k 作归纳法.

$k = 1$ 时,定理显然成立. 设对小于 k 的正整数,定理成立. 现在证明对于 k,定理也成立. 不妨设 k 含有一个奇素数因子 $p, 2k = pt, t = 2h, h < k$. 考虑偶数 $2l, 0 \leqslant l \leqslant k - 1$,由归纳假设知,存在整数

$$(x, t) = (y, t) = 1$$

使得

$$x + y \equiv 2l (\bmod t) \qquad (2)$$

如果 $p \mid x$,用 $x + t$ 代替 x,这时式(2)仍然成立,显然 $(x + t, p) = 1$,故不妨设(2)中 x, y 满足

$$(x, p) = (y, p) = 1$$

由式(2)可得

$$x + y + td \equiv 2l (\bmod 2k), 0 \leqslant d < p \qquad (3)$$

若 $d = 0$,则式(3)给出

$$x + y \equiv 2l (\bmod 2k), (x, pt) = (y, pt) = 1$$

这正是我们所需要的.

现设 $1 \leqslant d < p$,注意到式(3)可改写为

$$(x + td) + y \equiv 2l (\bmod 2k)$$

或

$$x + (y + td) \equiv 2l (\bmod 2k)$$

如果 $(x + td, p) = 1$,则

$$(x + td, pt) = (y, pt) = 1$$

归纳完成. 同样, 若 $(y + td, p) = 1$, 归纳法也完成. 因而不妨设

$$p \mid (x + td), p \mid (y + td) \qquad (4)$$

由式 (3), 我们又有

$$(x + 2dt) + (y - dt) \equiv 2l \pmod{2k} \qquad (5)$$

由式 (4) 知, 必有 $(p, t) = 1$, 又 $(p, d) = 1$, 故

$$(p, x + 2dt) = 1$$

同理

$$(p, y - dt) = 1$$

于是有

$$(x + 2dt, pt) = (y - dt, pt) = 1$$

设 $<x + 2dt>_{2k} = a_i$, $<y - dt>_{2k} = a_j$, 则

$$a_i + a_j \equiv 2l \pmod{2k}, a_i \in A, a_j \in A$$

故 $<a_i + a_j>_{2k} = 2l$, 归纳完成, 即知式 (1) 成立.

注 本题是 1993 年孙琦提出的, 其背景是推广余新河数学题. 这里的解答是由当时在四川大学攻读数论方向的博士生高维东给出, 后发表在论文 [1] 中.

[1] 孙琦, 郑德勋, 高维东, 等. 关于余新河数学题的推广 [J]. 成都科技大学学报, 1993 (4).

10. 设 n 是一个给定的正整数, 则满足 $[u, v] = n$ 的正整数对 $\{u, v\}$ 的个数等于 n^2 的因数的个数.

证 $n = 1$ 是显然的. 可设 $n > 1, n = p_1^{\alpha_1} \cdots p_k^{\alpha_k}$, $\alpha_i > 0, i = 1, \cdots, k$ 是 n 的标准分解式, 由于 $u \mid n, v \mid n$, 则 u, v 可分别表示为

$$u = p_1^{\beta_1} \cdots p_k^{\beta_k}, \alpha_i \geqslant \beta_i \geqslant 0, i = 1, \cdots, k \qquad (1)$$

和

$$v = p_1^{\delta_1} \cdots p_k^{\delta_k}, \alpha_i \geqslant \delta_i \geqslant 0, i = 1, \cdots, k \qquad (2)$$

由于 $[u,v] = n$，所以对于任一个 $j, 1 \leqslant j \leqslant k$，式（1）中的 β_j 和式（2）中的 δ_j，必须满足

$$\beta_j = \alpha_j, \delta_j = 0, 1, \cdots, \alpha_j \text{ 或 } \beta_j = 0, 1, \cdots, \alpha_j, \delta_j = \alpha_j \quad (3)$$

故取自式（3）中的数对 $\{\beta_j, \delta_j\}$ 有 $2\alpha_j + 1$ 种不同的取法. 故满足 $[u,v] = n$ 的正整数对 $\{u,v\}$ 的个数，总共有 $\prod_{j=1}^{k}(2\alpha_j + 1)$ 个，这恰为 n^2 的因数的个数.

注 1 题和本题曾分别编入文献 [1] 第四章和第一章的习题.

[1] 柯召，孙琦. 数论讲义：上册 [M]. 2 版. 北京：高等教育出版社，2001.

11. 设 p 是一个奇素数，g 是模 p 的一个元根，则在数列

$$g + jp, j = 0, 1, \cdots, p - 1 \qquad (1)$$

中至少有 $p - 1$ 个模 $p^l (l \geqslant 2)$ 的元根.

证 由于 $g + jp (j = 0, 1, \cdots, p - 1)$ 均为模 p 的元根，熟知，当 $(g + jp)^{p-1} \not\equiv 1 \pmod{p^2}$ 时，则 $g + jp$ 为模 $p^l (l \geqslant 2)$ 的元根. 显然，数列（1）中任意两个数对模 p^l $(l \geqslant 2)$ 均不同余. 因此，如果能够证明数列（1）中任意两个数的 $p - 1$ 次方幂对模 p^2 均不同余，便知本题结论成立.

设 $0 \leqslant j_1 < j_2 \leqslant p - 1$，如果

$$(g + j_1 p)^{p-1} \equiv (g + j_2 p)^{p-1} \pmod{p^2}$$

可得

$$g^{p-1} + g^{p-2}(p-1)j_1 p \equiv g^{p-1} + g^{p-2}(p-1)j_2 p \pmod{p^2}$$

由此推出

$$j_1 \equiv j_2 (\mod p)$$

此不可能. 这就证明了数列(1)中至少有 $p-1$ 个数, 它们的 $p-1$ 次幂对模 p^2 均不与 1 同余, 这 $p-1$ 个数均为模 $p^l (l \geqslant 2)$ 的元根.

12. 设 p 是一个奇素数, a, b, c 是一组给定的整数, $p \nmid abc$. 已知当 $p > 2^{60}$ 时, 存在模 p 的两个元根 g_1, g_2, 满足

$$ag_1 + bg_2 \equiv c (\mod p) \tag{1}$$

证明: 在相同的条件下, 至少存在 $(p-2)p^{l-2}$ 对模 p^l ($l \geqslant 2$) 的元根 α 和 β, 满足

$$a\alpha + b\beta \equiv c (\mod p^l) \tag{2}$$

证 由式(1), 可设 $ag_1 + bg_2 = c + kp$, k 是一个整数. 考虑同余式

$$a(g_1 + pt) + b(g_2 + sp) \equiv c (\mod p^2), 0 \leqslant t, s \leqslant p-1 \tag{3}$$

将 $ag_1 + bg_2 = c + kp$ 代入式(3), 得

$$k + at + bs \equiv 0 (\mod p), 0 \leqslant t, s \leqslant p-1 \tag{4}$$

显然, 式(4)有 p 组解

$$\{t_1, s_1\}, \{t_2, s_2\}, \cdots, \{t_p, s_p\}$$

其中 $s_1, \cdots, s_p$ 和 $t_1, \cdots, t_p$ 分别为 $0, 1, \cdots, p-1$ 的某一个排列. 于是, 由前题的结果知, 至少有 $p-1$ 对式(4)的解, 不妨设为

$$\{t_j, s_j\}, j = 1, \cdots, p-2$$

使 $g_1 + t_j p$ 和 $g_2 + s_j p$ 均为模 p^2 的元根 (它们的 $p-1$ 次幂模 p^2 均不与 1 同余). 这就证明了 $l = 2$ 的情形. 设命题对 $l = f$ 成立 ($f \geqslant 2$), 即有 $(p-2)p^{f-2}$ 对模 p^f 的

元根 α_j, β_j, 且

$$\alpha_j^{p-1} \not\equiv 1 (\bmod\ p^2), \beta_j^{p-1} \not\equiv 1 (\bmod\ p^2)$$

满足

$$a\alpha_j + b\beta_j \equiv c (\bmod\ p^f) \tag{5}$$

现在, 我们来证明命题对 $l = f+1$ 时也成立. 由式 (5) 可设 $a\alpha_j + b\beta_j = c + k_1 p^f$, k_1 是一个整数. 考虑同余式

$$a(\alpha_j + e_j' p^f) + b(\beta_j + e_j' p^f) \equiv c (\bmod\ p^{f+1}) \tag{6}$$

其中 $0 \leqslant e_j, e_j' \leqslant p-1$, 将 $a\alpha_j + b\beta_j = c + k_1 p^f$ 代入式 (6), 得

$$k + ae_j + be_j' \equiv c (\bmod\ p), 0 \leqslant e_j, e_j' \leqslant p-1 \tag{7}$$

类似对同余式 (4) 的讨论, 给定模 p^f 的一对元根 α_j, β_j, 式 (7) 有 p 组解 $\{e_j, e_j'\}$, 产生 p 对模 p^{f+1} 的元根

$$\alpha_j + e_j p^f, \beta_j + e_j' p^f$$

满足式 (6). 于是, 总共得到 $(p-2)p^{f-1}$ 对模 p^{f+1} 的元根 α, β, 满足

$$a\alpha + b\beta \equiv c (\bmod\ p^{f+1})$$

命题得证.

注 20 世纪 80 年代, 为了构造可用于雷达系统的 Costa 矩阵, Golomb 提出 一系列关于 q 元有限域 F_q ($q = p^l$ 是一个素数的幂) 上各种形式元根存在的猜想, 其中一个猜想为: 存在 F_q 上的元根 α 和 β, 满足 $\alpha + \beta = 1, 1$ 表示 F_q 中的单位元. 这些猜想, 引起人们广泛的兴趣. 运用对 Jacobi 和的估计, 王巨平证明了: 设 $q \geqslant 2^{60}$, 则存在 F_q 上的元根 α 和 β, 满足 $\alpha + \beta = \theta$, 这里 θ 是 F_q 中任给的一个非零元. 随后, 孙琦进一步证明了: 设 $q \geqslant 2^{60}$, 则存在 F_q 上的元根 α 和 β, 满足 $u\alpha + v\beta = \theta$, 这里 u, v 和 θ 是 F_q 中三个任给的非零元

（如果 $q = p$ 是一个奇素数,这一结果即为 12 题中的已知结果(1);1988 年,孙琦、李曙光把这一结果推广到模 p^l 的情形,即 12 题的内容）. 有关文献和更多的结果可参阅文献[1].

我们知道,有限域上的本原多项式是密码学中基本概念之一,其性质的研究一直是有限域、数论和密码学理论中重要的研究课题. 20 世纪 90 年代,曾提出著名的 Hansen-Mullen 猜想和 Cohen 问题. 所谓 Hansen-Mullen 猜想是指:设 $n \geqslant 2$,对任意给定的 $a \in F_q$,除

$$(q, n, m, a) = (4, 3, 1, 0) = (4, 3, 2, 0) = (2, 4, 2, 1)$$

等三种非平凡情形外,对所有 $1 \leqslant m < n$,存在 F_q 上的 n 次本原多项式

$$f(x) = x^n - \sigma_1 x + \cdots + (-1)^n \sigma_n$$

使得它的第 m 项系数 $\sigma_m = a$(见[2]). Cohen 问题是指:对于给定的 n,是否存在 n 的某个函数 $c(n)$,使得 F_q 上有 n 次本原多项式的 $\lfloor c(n) \rfloor$ 个系数,可以预先给定(参阅文献[1]). 在这一领域内,韩文报做了不少有影响的工作. 例如,他证明了当 q 为奇数且 $n > 6$ 或 q 为偶数且 $(n, a) \neq (4, 0), (5, 0), (6, 0)$ 时,Hensen-Mullen 猜想对第二项系数成立. 此外,他还证明了 q 为奇数且 $n > 6$ 时,存在 F_q 上的 n 次本原多项式,使得前两个系数可以预先给定(见[3]以及[4]). 韩文报指导的博士生范淑琴的博士学位论文被评为 2006 年全国百篇优秀博士学位论文. 在这篇学位论文中基本解决了 Hensen-Mullen 猜想,并回答了 Cohen 问题.

[1] COHEN S D. Primitive elements and polynomials existence results [M]. Lecture Note in Pure and

Appl. Math. , New York：Marcel Dekker，1993(141):43 –55.

[2] HANSEN T, MULLEN G L. Primitive Polynomials over finite fields [J]. Math. Comp. , 1992, 59(200):639 –643.

[3] HAN W B. The coefficients of primitive polynomials over finite fields[J]. Math. Comp. ,1996,65(213): 331 –340.

[4] HAN W B. On two exponential sums and their applications[J]. Finite Fields Appl. , 1997,3:115 – 130.

13. 对于给定的素数 p，如果 $p^m \parallel n$，记为

$$\text{Pot}_p \, n = m$$

设 $a \geqslant 1, b \geqslant 1$，且

$$a = a_0 + a_1 p + \cdots + a_t p^t$$
$$b = b_0 + b_1 p + \cdots + b_t p^t$$

这里 $0 \leqslant a_i \leqslant p - 1, 0 \leqslant b_i \leqslant p - 1, a_t \neq 0$ 或 $b_t \neq 0, A(a, p) = \sum_{i=0}^{t} a_i, A(b,p) = \sum_{i=0}^{t} b_i$，连续定义 $0 \leqslant c_i \leqslant p - 1$ 和 $\varepsilon_i = 0$ 或 1 如下

$$a_0 + b_0 = \varepsilon_0 p + c_0$$
$$\varepsilon_0 + a_1 + b_1 = \varepsilon_1 p + c_1$$
$$\varepsilon_1 + a_2 + b_2 = \varepsilon_2 p + c_2 \qquad (1)$$
$$\vdots$$
$$\varepsilon_{t-1} + a_t + b_t = \varepsilon_t p + c_t$$

则

$$\text{Pot}_p \binom{a+b}{a} = \text{Pot}_p \left(\frac{(a+1)!}{a!b!} \right) = \sum_{i=0}^{t} \varepsilon_i \qquad (2)$$

证 把(1)中的第 1 式,第 2 式,…,第 t 式,第 $t+1$式分别乘以 $1,p,\cdots,p^{t-1},p^t$,然后相加得

$$a+b+\varepsilon_0 p+\varepsilon_1 p^2+\cdots+\varepsilon_{t-1}p^t$$

$$=\varepsilon_0 p+\varepsilon_1 p^2+\cdots+\varepsilon_{t-1}p^t+$$

$$\varepsilon_t p^{t+1}+c_0+c_1 p+\cdots+c_t p^t$$

于是,可得

$$a+b=c_0+c_1 p+\cdots+c_t p^t+c_{t+1}p^{t+1}$$

$$A(a+b,p)=\sum_{i=0}^{t}c_i+\varepsilon_t$$

现在,把(1)中的各式相加,得

$$A(a,p)+A(b,p)+\sum_{i=0}^{t-1}\varepsilon_i$$

$$=p(\sum_{i=0}^{t}\varepsilon_i)+A(a+b,p)-\varepsilon_t \qquad (3)$$

熟知,任给正整数 n,有

$$\mathrm{Pot}_p(n!)=\frac{n-A(n,p)}{p-1} \qquad (4)$$

由式(3)和式(4),有

$$(p-1)\mathrm{Pot}_p\binom{a+b}{a}=(a+b)-A(a+b,p)-$$

$$(a-A(a,p))-(b-A(b,p))$$

$$=A(a,p)+A(b,p)-A(a+b,p)$$

$$=(p-1)(\sum_{i=0}^{t}\varepsilon_i)$$

便知式(2)成立.

注 公式(4)是 Legendre 在 1808 年得到的,其证明可参阅[1]. 在 1852 年,利用式(4),Kummer 推出了公式(2). 这两个结果在 p-adic 分析中均有运用.

[1] 柯召,孙琦. 数论讲义:上册[M]. 2 版. 北京:高

等教育出版社,2001.

14. 设 $n > 2$ 是一个整数,如果存在一个整数 a,使得

$$a^{n-1} \equiv 1 \pmod{n} \tag{1}$$

且对 $n-1$ 的每一个素因子 q,均有

$$a^{\frac{n-1}{q}} \not\equiv 1 \pmod{n} \tag{2}$$

则 n 是一个素数.

证 设 a 对模 n 的次数为 s,由式(1)推出

$$s \mid (n-1)$$

设 $n-1 = st, t > 0$ 是一个整数. 如果 $t > 1$,则有素数

$$q \mid t, q \mid (n-1)$$

从而推出

$$a^{\frac{n-1}{q}} = a^{\frac{st}{q}} = (a^s)^{\frac{t}{q}} \equiv 1 \pmod{n}$$

与式(2)不符合,故

$$t = 1, n-1 = s$$

因此

$$(n-1) \mid \varphi(n)$$

从而得

$$\varphi(n) \geqslant n-1$$

但熟知 $\varphi(n) \leqslant n-1$,由此推出

$$\varphi(n) = n-1$$

故 n 是一个素数.

注 熟知,Fermat 小定理:若 p 是一个素数,整数 a 满足 $p \nmid a$,则 $a^{p-1} \equiv 1 \pmod{p}$. 它的逆命题并不成立,然而,人们发现,如果增加条件,可以得到类似逆定理的结果. 本题就是这方面的一个结果,它是 1876 年

Lucas 发现的;1927 年,由 D. H. Lehmer 第一个发表.
$\frac{10^{17}-1}{9}$ 的因子 2 071 723 是素数,便可用这一结果验证. 后来,Lucas 的结果不断有所发展,参阅[1].

此外,运用 Lucas 的结果,还可推出 Fermat 数 $F_n = 2^{2^n} + 1$ 是素数的一个判别方法:设 $k \geqslant 2$,如果

$$k^{\frac{F_n-1}{2}} \equiv -1 (\bmod F_n)$$

则 F_n 是素数.

13 题和 14 题的编写,还参阅了文献[2].

[1] 柯召,孙琦. 数论讲义:上册[M]. 2 版. 北京:高等教育出版社,2001.

[2] RIBENBOIM P. The book of prime number records [M]. 2th ed. New York:Springer-Verlag,1989.

15. 设 p 是一个奇素数,使得 $q = 2p + 1$ 也是一个素数,则不定方程

$$x^p + y^p = z^p, p \nmid xyz \tag{1}$$

没有整数解 x, y, z.

证 假定方程(1)有整数解 x, y, z,用 $-z$ 替换方程(1)中的 z,则方程(1)可化为 $x^p + y^p + z^p = 0$. 不失一般性,可设

$$(x, y) = (x, z) = (y, z) = 1$$

且方程(1)化为

$$-x^p = (y + z)(y^{p-1} - y^{p-2}z + \cdots - yz^{p-2} + z^{p-1}) \tag{2}$$

如果 r 是 $y + z$ 和 $y^{p-1} - y^{p-2}z + \cdots - yz^{p-2} + z^{p-1}$ 的公共素因子,则由 $y \equiv -z(\bmod r)$,推出

$$y^{p-1} - y^{p-2}z + \cdots - yz^{p-2} + z^{p-1} \equiv pz^{p-1}(\bmod r)$$

即知

$$pz^{p-1} \equiv 0 \pmod{r}$$

因为 $r \mid x$，由方程 (1) 知 $r \neq p$，故

$$r \mid z, r \mid y$$

与 $(z, y) = 1$ 矛盾. 这就证明了式 (2) 的右端的两个因子是互素的，再由整数的唯一分解定理知，它们都是 p 次方幂，可设

$$y + z = A^p$$
$$y^{p-1} - y^{p-2}z + \cdots - yz^{p-2} + z^{p-1} = T^p$$

类似可证

$$x + z = B^p \tag{3}$$
$$x + y = C^p \tag{4}$$
$$y + z = A^p \tag{5}$$

由于 $q = 2p + 1$ 是素数和 Fermat 小定理，对于整数 a，满足 $(a, q) = 1$ 时，$a^p \equiv \pm 1 \pmod{q}$. 因此，当

$$x^p + y^p + z^p = 0 \pmod{q}$$

时，x, y 和 z 中恰有一个被 q 整除，不妨设 $q \mid x$. 由式 (3)、(4) 和式 (5) 得

$$B^p + C^p - A^p = 2x \tag{6}$$

由式 (6) 得

$$B^p + C^p - A^p \equiv 0 \pmod{q}$$

同样的理由，必须有 q 恰整除 A, B, C 中的一个. 如果 $q \mid A$，则

$$q \nmid T, \quad \pm 1 \equiv T^p \equiv pz^{p-1} \pmod{q}$$

但由式 (3) 可知

$$z \equiv B^p \pmod{q}$$

由于 $(q, B) = 1$，故 $z \equiv +1 \pmod{q}$，从而得

$$p \equiv \pm 1 (\mathrm{mod}\ q)$$

这是不可能的. 如果 $q \mid B$,再由 $q \mid x$ 和式(3)得

$$q \mid z$$

与 $(x, z) = 1$ 矛盾. 同理可证

$$q \mid C$$

也是不可能的. 综上所述,我们证明了不定方程(1)无整数解 x, y, z.

注 众所周知,1995 年 Wiles 证明了 Fermat 大定理这个困惑了世界 358 年的著名问题. 在 Fermat 大定理研究的过程中,有许多执着的数学家为此努力奋斗过,虽然这些尝试均以失败告终,但是他们的研究丰富了近代数学的内容,有的成果成为了当今证明 Fermat 大定理的最终尝试中的组成部分. 这当中有一位法国女数学家 Sophie Germain,她对 Fermat 大定理做出了富有创新性的工作,其贡献比生活于她之前的任何男性都更为突出. 从此,开始了对一批素数 p 研究 Fermat 大定理,本题的内容就是她得到的结果. 当时的法国,声称数学不适合妇女,认为数学是她们智力所不能承受的. 可见,Germain 能做出这样的贡献,需要很大的勇气和毅力. 她的工作得到当时最优秀的数学家 Lagrange 和 Gauss 的高度评价. Gauss 建议格丁根大学授予她名誉博士学位. 可叹的是,在格丁根大学同意授予之前,Germain 因病离开了人世.

16. 设 $p > 3$ 是一个奇素数,则不定方程

$$y^2 = x^p + 1 \tag{1}$$

的正整数解 x 和 y 满足:

1)$x > 2$ 为偶数;

2) 当 $\left(x+1, \dfrac{x^p+1}{x+1}\right) > 1$ 时，$p \equiv 1 \pmod 8$.

证　如果 x 为奇数，则 $(y+1, y-1) = 1$，方程 (1) 给出

$$y+1 = u_1{}^p,\ y-1 = u_2{}^p,\ x = u_1 u_2 \qquad (2)$$

$$u_1 > u_2,\ u_1, u_2\ \text{均为奇数}$$

由式 (2) 得

$$
\begin{aligned}
2 &= u_1{}^p - u_2{}^p \\
&= (u_1 - u_2)(u_1{}^{p-1} + u_1{}^{p-2} u_2 + \cdots + \\
&\quad u_1 u_2{}^{p-2} + u_2{}^{p-1})
\end{aligned}
\qquad (3)
$$

由于 $u_1 - u_2 \geq 2$，$p > 3$，则式 (3) 的右端大于 2，故式 (3) 不成立. 这就证明了方程 (1) 如有正整数解 x 和 y，则 x 一定是偶数. 如果 $x = 2$，则方程 (1) 给出

$$y+1 = 2^{p-1},\ y-1 = 2$$

在 $p > 3$ 时，不可能，这就证明了 1).

由于 $\left(x+1, \dfrac{x^p+1}{x+1}\right) = 1$ 或 p，所以当 $\left(x+1, \dfrac{x^p+1}{x+1}\right) > 1$ 时，有 $\left(x+1, \dfrac{x^p+1}{x+1}\right) = p$，从而方程 (1) 给出

$$x+1 = p y_1{}^2,\ \dfrac{x^p+1}{x+1} = p y_2{}^2,\ (y_1, y_2) = 1,\ y = p y_1 y_2 \quad (4)$$

由于 y 为奇数，式 (4) 的第一式给出

$$x+1 \equiv p \pmod 8 \qquad (5)$$

如果 $p \not\equiv 1 \pmod 8$，可设 $p \equiv 3,5,7 \pmod 8$.

当 $p \equiv 5,7 \pmod 8$ 时，对 (1) 取模 $x-1$. 因 $x^p + 1 \equiv 2 \pmod{(x-1)}$，$x > 2$ 是偶数，故 Jacobi 符号为

$$\left(\dfrac{x^p+1}{x-1}\right) = \left(\dfrac{2}{x-1}\right)$$

且由式(5)知,当 $p \equiv 5,7 \pmod 8$ 时,$\left(\dfrac{x^p+1}{x-1}\right) = -1$,与方程(1)有解矛盾.

当 $p \equiv 3 \pmod 8$ 时,对方程(1)取模 $x^3 - 1$. 因 $p > 3$,$x^p + 1 \equiv x + 1$ 或 $x^2 + 1 (\bmod(x^3 - 1))$,分别计算 Jacobi 符号,可得

$$\left(\frac{x^p+1}{x^3-1}\right) = \left(\frac{x+1}{x^3-1}\right) = (-1)^{\frac{x+1-1}{2}}\left(\frac{x^3-1}{x+1}\right)$$

$$= \left(\frac{-1}{x+1}\right)\left(\frac{-2}{x+1}\right) = \left(\frac{2}{x+1}\right)$$

$$\left(\frac{x^p+1}{x^3-1}\right) = \left(\frac{x^2+1}{x^3-1}\right) = \left(\frac{x^3-1}{x^2+1}\right) = \left(\frac{-x-1}{x^2+1}\right)$$

$$= \left(\frac{x+1}{x^2+1}\right) = \left(\frac{x^2+1}{x+1}\right) = \left(\frac{2}{x+1}\right)$$

由式(5)知,在 $p \equiv 3 \pmod 8$ 时,仍有 $\left(\dfrac{x^p+1}{x^3-1}\right) = -1$,与方程(1)有解矛盾. 这就证明了2).

注 称 a^m 为正整数的乘幂,其中 a 是正整数,m 是大于1的整数. 1842 年,Catalan 猜想:除 $8 = 2^3$ 和 $9 = 3^2$ 外,没有两个连续数都是正整数的乘幂. 用不定方程表述,即不定方程

$$y^q - x^p = 1 \quad (p,q \text{ 是两个素数})$$

除 $q = 2$,$p = 3$,$y = 3$,$x = 2$ 外,没有其他的正整数解.

1850 年,Lebesque 证明了 $p = 2$ 时,猜想成立. 然而,$q = 2$ 的情形,却非常困难. 一百多年来,许多数学家如 Nagell,Selberg,Obláth,Inkeri,Cassels 等,进行了研究,均未解决,直到 1962 年,才由柯召给出了完整的解答,他证明了 $q = 2$ 时,Catalan 猜想成立(见[1]和[2]). 这是 Catalan 猜想的一个重大突破,在 Mordell

的专著中称为柯召定理(见[3]). 特别是柯召给出的证明方法简洁、清晰,极具创意(我们将在 17 题注中简述柯召方法). 后来的工作表明柯召方法在不定方程的研究中是非常有用的. 例如,1977 年,Terjanian 对偶指数 Fermat 大定理第一种情形的证明(见[4]),以及 1986 年,曹珍富对 Pell 序列中 n 次方数结果的证明(见[5]),其主要想法均得益于柯召方法. 2000 年,Mihǎilescu 利用代数数论中关于分圆域的一个深刻定理,证明了奇指数情形的 Catalan 猜想(如前所述,偶指数情形是 Lebesque 和柯召分别证明的). 至此,这个有 160 多年历史的数论难题得以完全解决. Mihǎilescu 的论文于 2003 年发表(见[6]). 文中,他在回顾攻克 Catalan 猜想的历程时,特别提到的两次重大进展,就是 1850 年 Lebesque 的贡献和 1962 年柯召的贡献. 王元院士认为:虽然 Catalan 猜想已经得到解决,但证明用到的知识较多,亦较复杂,柯召的结果除了是一个历史记录外,还是一个漂亮的初等数论定理(见[7]). 本题是 $p \not\equiv 1 \pmod 8$ 时的部分证明. 柯召方法主要用于证明 $p \equiv 1 \pmod 8$ 的部分.

[1] 柯召. 关于方程 $x^2 = y^n + 1, xy \neq 0$ [J]. 四川大学学报:自然科学版,1962,8(1):1 - 6.

[2] KE Zhao. On the Diophantine Equation $x^2 = y^n + 1$, $xy \neq 0$ [J]. Scientia Simica (Notes), 1964 (14): 457 - 460.

[3] MORDELL L J. The Diophantine Equations [M]. Academic Press,1969.

[4] TERJIANIAN G. Sur 1'équation $x^{2p} + y^{2p} = z^{2p}$ [J].

C. R. Acad. Sci. ,1977(285):973 – 975.

[5] CAO Zhenfu. On the Diophantine equation $x^{2n} - Dy^2 = 1$[J]. Proc. Amer. Math. Soc. ,1986,98:11 – 16.

[6] MIHĂILESCU P. A class number free criterion for Catalan's conjecture[J]. J. of Number Theory, 2003(99):225 – 231.

[7] 白苏华. 柯召传[M]. 北京:科学出版社,2010: 100 – 101.

17. 证明:对任给的偶数 $x > 2$,奇数 a,和与 a 互素的正整数 b,有

$$(x^b + 1, x^a - 1) = 1 \tag{1}$$

和

$$\left(\frac{x^b + 1}{x^a - 1}\right) = \left(\frac{2}{x \pm 1}\right) \tag{2}$$

证 设 $(x^b + 1, x^a - 1) = d$,可得

$$x^a = dk + 1, k > 0 \tag{3}$$

和

$$x^b = dl - 1, l > 0 \tag{4}$$

式(3)和式(4)分别自乘 b 次和 a 次得

$$x^{ab} = (dk + 1)^b = sd + 1, s > 0 \tag{5}$$

和

$$x^{ab} = (dl - 1)^a = td - 1, t > 0 \tag{6}$$

从而由式(5)和式(6)得

$$(t - s)d = 2$$

故

$$d \mid 2$$

所以 $d=1$ 或 2. 而 x^a-1, x^b+1 都是奇数, 因此 $d=1$.
这就证明了式 (1).

注意到 $b\equiv c(\bmod\ a)$ 时, 有
$$x^b+1\equiv x^c+1(\bmod(x^a-1))$$

不失一般性, 在 Jacobi 符号 $\left(\dfrac{x^b+1}{x^a-1}\right)$ 中, 可设 $b<a$. 对 $\min\{a,b\}$ 用归纳法. 若 $a=1$, 则
$$\left(\frac{x^b+1}{x^a-1}\right)=\left(\frac{2}{x-1}\right)$$

式 (2) 成立. 若 $a>1, b=1$, 则
$$\left(\frac{x^b+1}{x^a-1}\right)=\left(\frac{-1}{x+1}\right)\left(\frac{x^a-1}{x+1}\right)$$
$$=\left(\frac{-1}{x+1}\right)\left(\frac{-2}{x+1}\right)$$
$$=\left(\frac{2}{x+1}\right)$$

式 (2) 成立. 现设 $\min\{a,b\}>1$, 且结论对于小于 $\min\{a,b\}$ 时成立, 那么
$$\left(\frac{x^b+1}{x^a-1}\right)=\left(\frac{x^a-1}{x^b+1}\right)=\left(\frac{(-1)^q x^c-1}{x^b+1}\right)\qquad(7)$$

这里 $0<a-qb=c<b$. 现分两种情形讨论:

1) 若 q 为偶数, 则 c 为奇数, 且由式 (7) 可得
$$\left(\frac{x^b+1}{x^a-1}\right)=\left(\frac{x^c-1}{x^b+1}\right)=\left(\frac{x^b+1}{x^c-1}\right)=\left(\frac{x^d+1}{x^c-1}\right)$$

这里 d 为 b 模 c 的最小非负剩余. 因为 $c<b, d<c$, 故 $d<b$, 且 $\min\{c,d\}=d<b=\min\{a,b\}$, 由归纳假设可得结论成立.

2) 若 q 为奇数, 则 b 和 c 一奇一偶, 且由式 (7) 可得

$$\left(\frac{x^b+1}{x^a-1}\right)=\left(\frac{-x^c-1}{x^b+1}\right)=\left(\frac{x^c+1}{x^b+1}\right)=\left(\frac{x^b+1}{x^c+1}\right) \quad (8)$$

若 $c=1$，则 b 为偶数，且由式(8)可得

$$\left(\frac{x^b+1}{x^a-1}\right)=\left(\frac{x^b+1}{x+1}\right)=\left(\frac{2}{x+1}\right)$$

故结论成立;若 $c>1$，则由式(8)可得

$$\left(\frac{x^b+1}{x^a-1}\right)=\left(\frac{x^b+1}{x^c+1}\right)=\left(\frac{-x^{b-c}+1}{x^c+1}\right)$$

$$=\left(\frac{x^{b-c}-1}{x^c+1}\right)=\left(\frac{x^c+1}{x^{b-c}-1}\right)$$

$$=\left(\frac{x^e+1}{x^{b-c}-1}\right)$$

这里 e 为 c 模 $b-c$ 的最小非负剩余. 由于 $b-c$ 是奇数，且 $\{b-c,e\}<b=\min\{a,b\}$，故由归纳假设可知，结论成立. 式(2)得证.

注 张起帆曾指导他的研究生李应，在一定条件下，计算出 Jacobi 符号 $\left(\frac{x^b+1}{x^a-1}\right)=\left(\frac{2}{x\pm1}\right)$（见[1]）. 本题及其证明，就是根据该文编写的. 在本注中，沿用 16 题各式的编号. 当 $p\equiv1\pmod 8$ 和 $\left(x+1,\frac{x^p+1}{x+1}\right)>1$ 时，不定方程(1)的解满足 $x\equiv0\pmod 8$（见 16 题的(1)和(5)），故 Jacobi 符号 $\left(\frac{2}{x\pm1}\right)=1$，对不定方程(1)取模 x^a-1，均不能得出矛盾. 因此，用处理 $p\not\equiv1\pmod 8$ 的方法（即 16 题中计算 Jacobi 符号得出矛盾的方法），来证明 $p\equiv1\pmod 8$ 时，方程(1)无解是行不通的. 这可以解释在研究 $q=2$ 的 Catalan 猜想，当 $p\equiv1\pmod 8$ 时最为复杂的原因. 由此，柯召创造性地提

出通过计算更为复杂的 Jacobi 符号来得出矛盾的方法,现简述如下:

对于 16 题中的不定方程(1),其中 $\left(x+1,\dfrac{x^p+1}{x+1}\right)=1$ 的情形早已解决(见[2]),故可设 $\left(x+1,\dfrac{x^p+1}{x+1}\right)>1$. 由 16 题的结论知,不定方程(1)的解 x 和 y 满足式(4)和式(5),且 $p\equiv1\pmod 8$,$x\equiv0\pmod 8$. 设 l 是一个奇数,满足 $0<l<p$,再设 $E(t)=\dfrac{(-x)^t-1}{(-x)-1}$,$t\geqslant1$ 是一个整数,$E(t)$ 是 x 的一个整值多项式. 利用 Jacobi 符号的性质和 Euclid 算法,柯召计算出 Jacobi 符号 $\left(\dfrac{E(p)}{E(l)}\right)=1$ 这一精确结果. 由式(4)的第一式得 $x\equiv-1\pmod p$ 以及对式(4)的第二式取模 $E(l)$,可得

$$1=\left(\frac{pE(p)}{E(l)}\right)=\left(\frac{p}{E(l)}\right)=\left(\frac{E(l)}{p}\right)=\left(\frac{l}{p}\right)$$

由于上式对满足 $0<l<p$ 的任意一个奇数 l 均成立,当 $p\equiv1\pmod 8$ 时,可取奇数 l 是模 p 的二次非剩余,便有 $\left(\dfrac{l}{p}\right)=-1$,与前式矛盾,这就证明了不定方程(1)无正整数解.

[1] 李应. 关于柯召方法的注记[J]. 四川大学学报:自然科学版,2012(3).

[2] 柯召. 关于方程 $x^2=\dfrac{y^n+1}{y+1}$ 和 $x^2=y^n+1$[J]. 四川大学学报:自然科学版,1960,6(2):57-64.

18. 设 $n > 1$ 是一个给定的正整数,则对任意的正整数 k,有

$$\sum_{d \mid n} \mu\left(\frac{n}{d}\right)(k,d) = \begin{cases} 0 & ,若\ n \nmid k \\ \varphi(n) & ,若\ n \mid k \end{cases} \quad (1)$$

这里 $\mu(n)$ 表 Möbius 函数,定义为: $\mu(1) = 1$, $n > 1$, $n = p_1^{\alpha_1} \cdots p_t^{\alpha_t}$ 是 n 的标准分解式,则

$$\mu(n) = \begin{cases} (-1)^t & ,若\ \alpha_1 = \alpha_2 = \cdots = \alpha_t = 1 \\ 0 & ,若有某个\ \alpha_j > 1 (1 \leq j \leq t) \end{cases} \quad (2)$$

证 由于 $(k,d) \mid d$, $d \mid n$,不妨设 k 可表为

$$k = \prod_{i=1}^{t} p_i^{\beta_i}, \quad 0 \leq \beta_i \leq \alpha_i, \quad i = 1,2,\cdots,t$$

由式(2),我们有

$$\sum_{d \mid n} \mu\left(\frac{n}{d}\right)(k,d) = (k,n) - \sum_{1 \leq i \leq t}\left(k, \frac{n}{p_i}\right) +$$

$$\sum_{1 \leq i < j \leq t}\left(k, \frac{n}{p_i p_j}\right) - \cdots +$$

$$(-1)^t\left(k, \frac{n}{p_1 \cdots p_t}\right)$$

$$= k\prod_{i=1}^{t}(1 - p_i^{r_i}) \quad (3)$$

其中 r_i 取值为

$$r_i = \begin{cases} 0 & ,若\ \beta_i < \alpha_i \\ -1 & ,若\ \beta_i = \alpha_i \end{cases}$$

显然,当且仅当 $\beta_i = \alpha_i$, $i = 1,2,\cdots,t$ 时,即 $k = n$ 时,式(3)为 $\varphi(n)$;其余情形,即 $n \nmid k$ 时,式(3)为 0. 这就证明了式(1)成立.

注 不难看出,本题的证明方法可以用来证明:对于任意的整数 s,有

$$\sum_{d|n} \mu\left(\frac{n}{d}\right)(k,d)^s = \begin{cases} 0 & ,\text{若 } n \nmid k \\ \varphi_s(n) & ,\text{若 } n \mid k \end{cases} \tag{4}$$

这里 $\varphi_s(n) = n^s \prod_{i=1}^{t}(1 - p_i^{-s})$. 显然,式(4)是式(1)的推广.

19. 设 n 为一个给定的正整数,n 阶整数矩阵
$$\boldsymbol{A}_n = [(i,j)]_{1 \leqslant i,j \leqslant n}$$
其中第 i 行 j 列元为 i 与 j 最大公因数
$$\boldsymbol{B}_n = [[i,j]]_{1 \leqslant i,j \leqslant n}$$
其中第 i 行 j 列元为 i 与 j 的最小公倍数,称 $\boldsymbol{A}_n$ 为 GCD 矩阵,$\boldsymbol{B}_n$ 为 LCM 矩阵,则

$$\det \boldsymbol{A}_n = \prod_{i=1}^{n} \varphi(i) \tag{1}$$

这里 $\varphi(n)$ 为欧拉函数.

$$\det \boldsymbol{B}_n = \prod_{i=1}^{n} \varphi(i)\pi(i) \tag{2}$$

这里 $\pi(i) = i^2 \dfrac{\varphi_{-1}(i)}{\varphi(i)}$ 是一个积性函数,对于素数的幂 $p^l(l \geqslant 1)$,$\pi(p^l) = -p$.

证 用 18 题的公式(1),在 $\boldsymbol{A}_n$ 中把所有满足 $d < n$,$d|n$ 的 d 列的 $\mu\left(\dfrac{n}{d}\right)$ 倍加到第 n 列,行列式的值不变,而新的矩阵的第 n 列除最后一个元为 $\varphi(n)$ 外,其余全为 0,由此可得

$$\det \boldsymbol{A}_n = \varphi(n) \det \boldsymbol{A}_{n-1} \tag{3}$$

利用递推公式(3),即可得到公式(1).

现在来证明公式(2). 由 18 题注中的式(4),相应地有

$$\det [(i,j)^s]_{1 \leqslant i,j \leqslant n} = \prod_{i=1}^{n} \varphi_s(n) \tag{4}$$

显然,式(4)是式(1)的推广. 取 $s = -1$,可由关系式 $[k,d] = \dfrac{kd}{(k,d)}$ 及式(4)得

$$
\begin{aligned}
\det[[i,j]]_{1 \leqslant i,j \leqslant n} &= \det\left[\frac{ij}{(i,j)}\right]_{1 \leqslant i,j \leqslant n} \\
&= (n!)^2[(i,j)^{-1}]_{1 \leqslant i,j \leqslant n} \\
&= (n!)^2 \prod_{i=1}^{n} \varphi_{-1}(i) \\
&= \prod_{i=1}^{n} i^2 \varphi_{-1}(i) \\
&= \prod_{i=1}^{n} \varphi(i)\pi(i)
\end{aligned}
$$

这里 $\pi(i) = i^2 \dfrac{\varphi_{-1}(i)}{\varphi(i)}$ 是一个积性函数,且 $\pi(p^l) = -p$.

注 1876 年,Smith 在他的著名论文中,给出了关于 $\det \boldsymbol{A}_n$ 和 $\det \boldsymbol{B}_n$ 的值[1]. 18 和 19 题,便是这篇论文的主要内容,由于原文较长,这里的是由曹炜根据原文给出的简化证明. $\det \boldsymbol{A}_n$ 的公式,曾多次被选入教科书和习题集. 百余年来,Smith 矩阵影响很大,不断有关于它的推广工作. 设 $S = \{x_1, \cdots, x_n\}$ 是由 n 个不同的正整数组成的集,设 n 阶方阵 $[(x_i, x_j)]$ 的第 i 行 j 列的元是 x_i 和 x_j 的最大公因数,这样的方阵称为定义在 S 上的最大公因数(GCD)矩阵;类似地,可定义 S 上的最小公倍数(LCM)矩阵 $[[x_i, x_j]]$. 1989 年,Beslin 和 Ligh 证明了 S 上的 GCD 矩阵是非奇异的(见 [2]). 对于 S 上的 LCM 矩阵,1992 年,Bourque 和 Ligh 指出存在集 S,使得 S 上的 LCM 矩阵是奇异的. 但如果 S 是因子封闭集(FS)(即对 S 的每一个整数 x, S 包含 x 的所有因子),则 S 上的 LCM 矩阵是非奇异

的. 同时, 他们猜想: S 如果是 gcd 封闭集 (即对于 $x_i \in S, x_j \in S, 1 \le i, j \le n$, 有 $(x_i, x_j) \in S$), 则 S 上的 LCM 矩阵也是非奇异的. 在这一领域内, 洪绍方做了不少有影响的工作. 例如: 1999 年, 洪绍方引入最大型因子的概念, 解决了上述 Bourque 和 Ligh 的猜想. 他证明了当 $n \le 7$ 时, 猜想成立; $n > 7$ 时, 猜想不成立[3]. 2005 年, 洪绍方用最大型因子方法, 证明了孙琦在 1995 年提出的一个猜想: 如果 S 是一个 gcd 封闭集, 且 S 中的每一个正整数最多只有两个不同的素因子, 则 S 上的 LCM 矩阵是非奇异的[4]. 当前, 关于 Smith 矩阵的研究, 包括幂 GCD 矩阵与幂 LCM 矩阵及其行列式的整除性, 幂 LCM 矩阵的非奇异性等, 内容丰富.

[1] SMITH H J S. On the value of a certain arithmetical determinant [J] ∥ Proc. London Math. Soc., 1875/76(7): 208 – 212.

[2] BESLIN S, LIGH S. Greatest common divison matrices[J]. Linear Algebra Appl., 1989, 118: 69 – 76.

[3] HONG Shaofang. On the Bourgue-Ligh conjecture of least common multiple matrices [J]. J. Algebra, 1999, 218: 216 – 288.

[4] HONG Shaofang. Nonsingularity of least common multiple matrices on gcd-closed sets[J]. J. Number Theory, 2005, 113: 1 – 9.

20. 设 $m > 1$ 和 n 是两个正整数, $f(x_1, \cdots, x_n)$ 是一个 n 元整系数多项式. 如果对每一个整数 a (不妨设 $0 \le a \le m - 1$), 同余式

$$f(x_1,\cdots,x_n)\equiv a(\bmod m),0\leqslant x_j\leqslant m-1,j=1,\cdots,n$$

$$(1)$$

均有 m^{n-1} 个解 $\{a_1,\cdots,a_n\}$，则称 $f(x_1,\cdots,x_n)$ 为一个模 m 的 n 元置换多项式．证明：如果 d 是 m 的一个因子，$f(x_1,\cdots,x_n)$ 是模 m 的置换多项式，则 $f(x_1,\cdots,x_n)$ 是模 d 的置换多项式．

证 对每一个整数 $r,0\leqslant r\leqslant d-1$，设 N_r 是同余式

$$f(x_1,\cdots,x_n)\equiv r(\bmod d),0\leqslant x_j\leqslant d-1,j=1,\cdots,n$$

$$(2)$$

的解 $\{b_1,\cdots,b_n\}$ 的个数，这里 $0\leqslant b_j\leqslant d-1,j=1,\cdots,n$.

下面，我们从不同的角度来计算，式（2）的解模 m 的个数．

首先，式（2）的每一个解 $\{b_1,\cdots,b_n\}$，对模 m，恰能生成 $(\frac{m}{d})^n$ 个式（2）的解：$\{b_1+i_1d,\cdots,b_n+i_nd\}$，$i_j=0,1,\cdots,\frac{m}{d}-1,j=1,\cdots,n$. 因此对模 d，N_r 个式（2）的解，可生成对模 m，共 $N_r(\frac{m}{d})^n$ 个式（2）的解．

另一方面，由于 $f(x_1,\cdots,x_n)$ 是一个模 m 的置换多项，对每一个整数 $b,0\leqslant b\leqslant\frac{m}{d}-1$，同余式

$$f(x_1,\cdots,x_n)\equiv r+db(\bmod m),0\leqslant x_j\leqslant m-1,j=1,\cdots,n$$

$$(3)$$

恰有 m^{n-1} 个解，故取

$$b=0,1,\cdots,\frac{m}{d}-1$$

共得到 $\frac{m}{d}m^{n-1}$ 个解，它们恰为式（2）的解模 m 的全部，

即得

$$\frac{m}{d}m^{n-1} = N_r(\frac{m}{d})^n \qquad (4)$$

由式(4)得到

$$N_r = d^{n-1}$$

它与 r 取值无关,故 $f(x_1,\cdots,x_n)$ 是一个模 d 的置换多项式.

21. 证明:

1) 设 $m = p_1{}^{\alpha_1}\cdots p_k{}^{\alpha_k}$ 是 m 的标准分解式,则 $f(x_1,\cdots,x_n)$ 是模 m 的一个置换多项式当且仅当对每一个 $p_i{}^{\alpha_i}$, $f(x_1,\cdots,x_n)$ 是模 $p_i{}^{\alpha_i}$ 的置换多项式, $i = 1,\cdots,k.$

2) 设 p 是一个素数, $h \geq 1$ 是一个整数,如果 $f(x_1,\cdots,x_n)$ 是一个模 p 的置换多项式,且以下同余式组

$$\frac{\partial f(x_1,\cdots,x_n)}{\partial x_j} \equiv 0(\bmod\ p), j = 1,\cdots,n \qquad (1)$$

无解(此时称 $f(x_1,\cdots,x_n)$ 模 p 非奇异的,反之称模 p 奇异的),则 $f(x_1,\cdots,x_n)$ 是模 p^h 的置换多项式.

证 设 $f(x_1,\cdots,x_n)$ 是模 m 的置换多项式,由 20 题的结论知,对每一个 $p_i{}^{\alpha_i}$, $f(x_1,\cdots,x_n)$ 是模 $p_i{}^{\alpha_i}$ 的置换多项式, $i = 1,\cdots,k.$ 反之,设对每一个 $p_i{}^{\alpha_i}$, $f(x_1,\cdots,x_n)$ 是模 $p_i{}^{\alpha_i}$ 的置换多项式, $i = 1,\cdots,k$,则对任意的整数 r 和任一 $j(1 \leq j \leq k)$,同余式

$$f(x_1,\cdots,x_n) \equiv r(\bmod\ p_j{}^{\alpha_j})$$

恰有 $(p_j{}^{\alpha_j})^{n-1}$ 个解. 由孙子定理,可推出同余式

$$f(x_1,\cdots,x_n) \equiv r(\bmod\ m)$$

恰有 $\prod_{j=1}^{k}(p_j^{\alpha_j})^{n-1} = m^{n-1}$ 个解,故 $f(x_1,\cdots,x_n)$ 是模 m 的置换多项式. 这就证明了本题的第 1) 部分.

现在,证明第 2) 部分. 由于 $f(x_1,\cdots,x_n)$ 是模 p 的置换多项式,则对任一整数 r,同余式

$$f(x_1,\cdots,x_n)\equiv r(\bmod p) \tag{2}$$

恰有 p^{n-1} 个解模 p. 我们用归纳法来证明,对任意的整数 r,这 p^{n-1} 个解中任一解,设为 $\{a_1,\cdots,a_n\}$,可构造出同余式

$$f(x_1,\cdots,x_n)\equiv r(\bmod p^h) \tag{3}$$

的 $p^{(h-1)(n-1)}$ 个解,而且这些解,均分别与 $\{a_1,\cdots,a_n\}$ 模 p 同余. 设结论对 $p^u(u\geqslant 1)$ 成立,即由式(2)的任一个解 $\{a_1,\cdots,a_n\}$,可以得到同余式

$$f(x_1,\cdots,x_n)\equiv r(\bmod p^u) \tag{4}$$

的 $p^{(u-1)(n-1)}$ 个解,这里 r 是任给的整数,且这 $p^{(u-1)(n-1)}$ 个解,均与 $\{a_1,\cdots,a_n\}$ 模 p 同余. 现证明对任给的整数 r,结论对同余式

$$f(x_1,\cdots,x_n)\equiv r(\bmod p^{u+1}) \tag{5}$$

也成立.

设 $\{b_1,\cdots,b_n\}$ 为式(4)的 $p^{(u-1)(n-1)}$ 个解中的任一个,且 $b_j\equiv a_j(\bmod p),j=1,\cdots,n$. 由式(4)有

$$f(b_1,\cdots,b_n)=r+p^u l$$

这里 l 是一个整数. 考虑同余式

$$f(b_1+p^u s_1,\cdots,b_n+p^u s_n)\equiv r(\bmod p^{u+1})$$

$$0\leqslant s_j\leqslant p-1,j=1,\cdots,n \tag{6}$$

由泰劳展式和 $2u\geqslant u+1$,可得

$$f(b_1 + p^u s_1, \cdots, b_n + p^u s_n)$$

$$\equiv f(b_1, \cdots, b_n) +$$

$$p^u \sum_{j=1}^{n} \frac{\partial f}{\partial j}(b_1, \cdots, b_n) s_j (\bmod p^{u+1})$$

故式(6)等价于同余式

$$f(b_1, \cdots, b_n) + p^u \sum_{j=1}^{n} \frac{\partial f}{\partial j}(b_1, \cdots, b_n) s_j \equiv r(\bmod p^{u+1})$$

注意到 $f(b_1, \cdots, b_n) = r + p^u l$, 即得

$$l + \sum_{j=1}^{n} \frac{\partial f}{\partial j}(b_1, \cdots, b_n) s_j \equiv 0 (\bmod p) \qquad (7)$$

由条件(1)知, $\{b_1, \cdots, b_n\}$ 不满足式(1), 故至少存在一个 $j(1 \leqslant j \leqslant n)$, 使

$$\frac{\partial f}{\partial j}(b_1, \cdots, b_n) \not\equiv 0 (\bmod p)$$

从而式(7)有 p^{n-1} 个解, 即式(6)有 p^{n-1} 个解 $\{s_1, \cdots, s_n\}$. 于是由式(4)的任一组解 $\{b_1, \cdots, b_n\}$ 可得到(5)的 p^{n-1} 个解, 从而式(4)的 $p^{(u-1)(n-1)}$ 个解, 便可构造出式(5)的 $p^{u(n-1)}$ 个解, 且分别与式(2)的解 $\{a_1, \cdots, a_n\}$ 模 p 同余. 这就完成了归纳法的证明, 即证明了: 对任给的整数 r, 通过式(2)的任一解 $\{a_1, \cdots, a_n\}$, 得到式(3)的 $p^{(h-1)(n-1)}$ 个解, 所以通过式(2)的 p^{n-1} 个解, 可得到式(3)的

$$p^{n-1} p^{(h-1)(n-1)} = p^{h(n-1)}$$

个解. 因为式(3)的任一解也是式(2)的解, 故上述通过归纳构造出的 $p^{h(n-1)}$ 个解, 也是式(3)的全部解, 其个数与 r 的选择无关, 这就证明了 $f(x_1, \cdots, x_n)$ 是模 p^h 的置换多项式.

22. 设整数 $h \geqslant 1$, p 是一个素数, 则二元多项式

$$f(x_1, x_2) = x_1^p + px_2$$

是一个模 p^h 的置换多项式.

证 设 $h = 1$, 有

$$f(x_1, x_2) = x_1^p + px_2 \equiv x_1 \pmod{p}$$

显然, 此时 $f(x_1, x_2)$ 是一个模 p 的置换多项式. 现设 $h > 1$, 对任意一个整数 r, 不妨设 $0 \leqslant r < p^h$, 现计算同余式

$$f(x_1, x_2) = x_1^p + px_2 \equiv r \pmod{p^h}, 0 \leqslant x_1 < p^h, 0 \leqslant x_2 < p^h$$
$$(1)$$

解的个数. 由式 (1) 可得

$$f(x_1, x_2) = x_1^p + px_2 \equiv x_1 \equiv r_1 \pmod{p} \qquad (2)$$

这里 $r_1 = <r>_p$. 由式 (2), 设 $x_1 = r_1 + pt_1, x_2 = t_2$, 代入式 (1) 可得

$$(r_1 + pt_1)^p + pt_2 \equiv r_1 \pmod{p^h}, 0 \leqslant t_1 < p^{h-1}, 0 \leqslant t_2 < p^h$$
$$(3)$$

于是, 式 (1) 的解 $\{x_1, x_2\}$ 的个数和式 (3) 的解 $\{t_1, t_2\}$ 的个数是相等的. 在式 (3) 中, 固定整数 t_1, 可得

$$t_2 \equiv \frac{r_1 - (r_1 + pt_1)^p}{p} \pmod{p^{h-1}}$$

即

$$t_2 = \frac{r_1 - (r_1 + pt_1)^p}{p} + kp^{h-1} \qquad (4)$$

由于, 对于模 $p^h, k = 0, \cdots, p - 1$, 式 (4) 给出 p 个互不同余的整数, 也就是说对于固定的 t_1, 得到式 (3) 的 p 个解: $\{t_1, t_2\}$, t_2 过式 (4) 中 $k = 0, 1, \cdots, p - 1$ 时的诸值. 而当 $t_1 = 0, 1, \cdots, p^{h-1} - 1$, 就得到式 (3) 的全部解, 其个数为 $p^{h-1} \cdot p = p^h$, 即同余式 (1) 的解的个数为 p^h, 与

r 的取值无关,这就证明了 $f(x_1,x_2)=x_1^p+px_2$ 是模 p^h 的置换多项式.

注 1965 年,Nobauer 证明了:

1) 设 $m=p_1^{\alpha_1}\cdots p_k^{\alpha_k}$ 是 m 的标准分解式,则 $f(x)$ 是模 m 的置换多项式当且仅当 $f(x)$ 是模 $p_i^{\alpha_i}$ 的置换多项式,$i=1,\cdots,k$;

2) 设 p 是一个素数,$h>1$ 是一个整数,则 $f(x)$ 是模 p^h 的置换多项式当且仅当 $f(x)$ 是模 p 的置换多项式且 $f'(x)\equiv0(\bmod\ p)$ 无解,这里 $f'(x)$ 是 $f(x)$ 的导式. 对于多元$(n>1)$的情形,1991 年,孙琦和万大庆证明了 Nobauer 定理的第一部分和第二部分的充分性可推广到 $f(x_1,\cdots,x_n)$ 的情形,但第二部分的必要性则不能. 20,21 和 22 题就是他们所得到的结果(见[1]). 22 题中的二元多项式 $f(x_1,x_2)=x_1^p+px_2$,因为

$$\frac{\partial f(x_1,x_2)}{\partial x_1}=px_1^{p-1}\equiv0(\bmod\ p)$$

$$\frac{\partial f(x_1,x_2)}{\partial x_2}=p\equiv0(\bmod\ p)$$

故 $f(x_1,x_2)$ 是模 p 奇异的,但对任给的整数 $h\geq1$,它都是模 p^h 的置换多项式,这表明对 $n(n>1)$ 元多项式,21 题 2) 的逆命题不真. Nobauer 的定理把模 m 的一元置换多项式约化到模 p 的情形,这是一项基础性的工作,但对于 $n(n>1)$ 元的情形,问题尚未解决. 可见,多元置换多项式比一元的情形复杂得多. 对于二元的情形,张起帆做了不少有影响的工作. 例如,张起帆部分解决了 1991 年 Niederreiter 提出的一个公开问题:设 $q=p^k,k\geq1,p$ 是一个素数,刻画在 F_q 的任何有限扩域上都是置换多项式的 n 元多项式 $f(x_1,\cdots,x_n)$(简

称 s – 多项式),这里 $f(x_1, \cdots, x_n) \in F_q[x_1, \cdots, x_n]$(见 [2]). 对于 $n = 1$ 的情形,1963 年,已由 Carlitz 解决:设 $f(x) \in F_q[x]$,则 $f(x)$ 为 s – 多项式当且仅当 $f(x) = ax^{p^h} + b, a, b \in F_q, a \neq 0, h \geqslant 0$. 用代数几何的方法,对 $n = 2$,张起帆在 2003 年证明了[3]:设 $f(x_1, x_2) \in F_q[x_1, x_2], \gcd(\frac{\partial f}{\partial x_1}, \frac{\partial f}{\partial x_2}) = 1$,以及 $\deg f \not\equiv 0 (\bmod p)$,则 $f(x_1, x_2)$ 是一个 s – 多项式当且仅当存在 $F_q[x_1, x_2]$ 的一个 F_q – 自同构 τ,使得 $f(x_1, x_2) = \tau x_1$. 2009 年,他和魏其矫还给了 $Z/(p^2)$ 上二元置换多项式一个好的刻画[4].

　　置换多项式简单地讲就是表完全剩余系的多项式. 由于与数论、组合数学、群论等数学分支的联系,以及在密码学中的应用,其理论得到迅速发展. 特别近年来,置换多项式在多变元公钥密码系统(Multivariable Public Key Cryptosystems)中的应用,令人瞩目.

[1] SUN Qi, WAN Daqing. Permutation polynomials in several indeterminates over Z/mZ[M] // Proceeding of the Conference on Ordered Structure and Algebra of Computer Languages. Hong Kong:World Scientific,1993:248 – 252.

[2] NIEDERREITER H. Permutations in several indeterminates[M] // MULLEN G L, SHIUE P J. Finite Fields,Coding Theory and Advances in Communications and Computing. New York:Marcel Dekker, 1993:433.

[3] ZHANG Qifan. On an open problem of Niederreiter

［J］. Finite Fields and Appl,2003,9:150 – 156.

［4］ WEI Qijiao,ZHANG Qifan. On Permutation polyno-
mials in two variables over $Z/(p^2)$［J］. Acta Math.
Sinica,2009,25(7):1191 – 1200.

23. 任给正整数 n,可设 $2^k \leqslant n < 2^{k+1}, k \geqslant 0$,通常 n 可表为二进制

$$n = (a_k a_{k-1} \cdots a_1 a_0) = \sum_{i=0}^{k} a_i \cdot 2^i, a_i = 0 \text{ 或 } 1 \quad (1)$$

n 也可表为广义二进制

$$n = (b_h b_{h-1} \cdots b_1 b_0) = \sum_{i=0}^{h} b_i \cdot 2^i, b_i = 0,1 \text{ 或} -1 \quad (2)$$

熟知,式(1)的表示是唯一的,式(2)的表示不唯一.
如果在式(2)中定义对任意的 $0 \leqslant i < h$,有 $b_i b_{i+1} = 0$,
则称 $(b_h b_{h-1} \cdots b_1 b_0)$ 为 n 的标准二进制表示. 证明:

1)存在 n 的标准二进制表示.

2)n 的标准二进制表示唯一.

证　可用带余除法给出 n 的标准二进制表示

$$n = m_0 = 2m_1 + b_0$$
$$m_1 = 2m_2 + b_1$$
$$\vdots$$
$$m_{h-2} = 2m_{h-1} + b_{h-2}$$
$$m_{h-1} = 2m_{h-2} + b_{h-1}$$
$$m_h = b_h = 1, h = k \text{ 或 } k+1$$

这里 k 满足式(1),其中 m_j 为偶数时,取 $b_j = 0$;m_j 为
奇数,当 $m_j \equiv 1 \pmod 4$ 时,取 $b_j = 1$,$m_j \equiv 3 \pmod 4$ 时,
取 $b_j = -1$,此时均有 $m_{j+1} \equiv 0 \pmod 2$,$0 \leqslant j < h - 1$. 这
样就得到了 n 的一个标准二进制表示

$$n = (b_h b_{h-1} \cdots b_1 b_0) = \sum_{i=0}^{h} b_i \cdot 2^i$$
$$= b_0 + 2(b_1 + \cdots + 2(b_{h-1} + 2))$$

由于 $2^k \le n < 2^{k+1}$，则 n 的最大值为 $2^{k+1} - 1$. $n = 2^{k+1} - 1$ 的广义二进制表示有两种，分别是

$$n = 2^k + 2^{k-1} + \cdots + 2 + 1 = (11 \cdots 11)$$

和

$$n = 2^{k+1} - 1 = (100 \cdots 0 - 1)$$

故 $h = k$ 或 $k+1$. 这就证明了 1).

现证 2). 设 n 有两种标准二进制表示

$$(b_h b_{h-1} \cdots b_1 b_0) \text{ 和 } (c_r \cdots c_1 c_0)$$

若 $b_0 = 0$，则 n 是偶数，故 $c_0 = 0$. 若 $b_0 \ne 0$，则 b_0 是奇数，故 $c_0 \ne 0$. 由定义可得

$$b_1 = c_1 = 1, n \equiv b_0 \equiv c_0 \pmod 4$$

所以 $b_0 = c_0$. 依次类推，可得

$$b_i = c_i, h = r \quad (i = 0, 1, \cdots, h)$$

这就是 2) 的结论.

24. 设 n 是任给的一个正整数，则在 n 的一切广义二进制表示中，n 的标准二进制表示含有非零元的个数最少.

证 先引进一些记号：令 $E = \{A \mid A$ 为 n 的广义二进制表示$\}$，$A = (b_h b_{h-1} \cdots b_1)$ 的广义二进制表示中非零元的个数，称为该展式的 Hamming 重量，记为 $H(A)$. 令 $h(n) = \min\{H(A) \mid A \in E\}$.

先证明下面的论断：

若 $A \in E$，且 $H(A) = h(n)$，则对任给的 $a \in \{-1, 1\}$ 和 $i \ge 0$，总有

$$A \ne (\cdots, a, -a^{(i)}, \cdots) \tag{1}$$

这里 $-a^{(i)}$ 表示 A 的展开式中 2^i 的系数是 $-a$, 下同.

如果论断 (1) 不成立, 则存在 $a \in \{-1, 1\}$ 和 $i \geqslant 0$, 使得 $A = (\cdots, a, -a^{(i)}, \cdots)$. 由于 $a2^{i+1} - a2^i = a2^i$, 则 A 可化为 $B = (\cdots, 0, a^{(i)}, \cdots) \in E, H(B) = H(A) - 1$, 这与所设 $H(A) = h(n)$ 矛盾. 这就证明了论断 (1).

再证论断: 若 $A = (\cdots, 0, \overbrace{a\cdots a}^{s个}{}^{(i)}, \cdots) \in E$, 且 $H(A) = h(n)$, 则对任意的非负整数 i, 都有

$$S = 1 \text{ 或 } 2 \tag{2}$$

如果论断 (2) 不成立, 则 $S \geqslant 3$. 由于 A 的展开式中 S 项之和为

$$a2^{i+S-2} + a2^{i+S-2} + \cdots + a2^{i+1} + a2^i$$
$$= a2^i(2^S - 1)$$
$$= a2^{i+S} - a2^i$$

则 A 可化为

$$C = (\cdots, a, \overbrace{0\cdots0}^{s-1}, -a^{(i)}\cdots) \in E$$
$$H(A) - H(C) = S - 2 > 0$$

与所设 $H(A) = h(n)$ 矛盾, 故论断 (2) 成立.

于是, 由论断 (1) 和论断 (2) 可推出: 设 $A \in E$, 且 $H(A) = H(n)$, 如果存在 i 和 j, $0 \leqslant i < j$, 使得

$$A = (\cdots, 0, a_j, \cdots, a_{i+1}, a_i, 0, \cdots)$$

其中 $a_i, a_{i+1}, \cdots, a_j \in \{-1, 1\}$, 必有 $j = i + 1$, 且 $a_i = a_{i+1}$. 因此, 如果 A 不是 n 的标准二进制表示, 则必存在 $a \in \{-1, 1\}$, 及最小的非负整数 i, 使得 $A = (\cdots, 0, a, a^{(i)}, 0, \cdots)$. 由于 $a2^{i+1} + a2^i = a2^{i+2} - a2^i$, 此变换用 "$\rightarrow$" 表示, 则

$$A \rightarrow (\cdots, a^{(i+2)}, 0, -a, 0, \cdots) = A_1 \in E$$

且
$$H(A_1) = H(A) = h(n)$$

如果 A_1 不是标准二进制表示，则必存在 $b \in \{-1, 1\}$，及最小的正整数 $r \geq i + 2$，使得
$$A_1 = \{\cdots, b, b^{(r)}, 0, \cdots\}$$

以及
$$A_1 \to A_2 = \{\cdots, b^{(i+2)}, 0, -b^{(r)}, 0, \cdots\} \in E$$

且
$$H(A_1) = H(A_2) = h(n)$$

对于给定的正整数 n 的广义二进制表示 A，我们从右（低位）至左（高位），依次施行变换"$\to$"，经有限步变换
$$A \to A_1 \to A_2 \to \cdots \to A_m$$

后，必将终止下来，最后的结果 A_m 成为 n 的标准二进制表示，且有
$$H(A_m) = H(A) = h(n)$$

这就是本题的结论.

注 整数的标准二进制表示的定义来自文献[1]. 当群元素求逆运算的计算量很小时，运用本题的结论，来计算元素的整数倍，比通常的算法计算量少. 文献[1]中介绍了这一算法在三种公钥密码体制上的应用. 特别地，对于 LUC 公钥密码体制，给出了一个新的算法. 标准二进制表示，国外称 Nonadjacent Form (NAF). 20 世纪 90 年代，有人用它来计算椭圆曲线公钥密码体制中群元的整数倍（称为 Addition-Substraction Method）. 24 题的证明取自文献[2]. 不难看出，证明的过程给出了一个把 n 的广义二进制表示，从低位

到高位,转化成 n 的标准二进制表示的算法. 再次证明了 $h = k$ 或 $k + 1$(h 和 k 的定义见 23 题),与 23 题的结果一致.

[1] 孙琦,张起帆,彭国华. 计算群元的整数倍的一种算法及其在公钥密码学体制中的应用[C] // 王育民,王新梅,李大兴. 密码学进展——CHINACRYPT'2002,第七届中国密码学会学术论文集. 北京:电子工业出版社,2002:117 – 124.

[2] 杨军. 对一个密码算法的注记[J]. 四川大学学报:自然科学报,2001(3).

25. 设 p 是一个奇素数,$f(x_1,\cdots,x_n)$ 是一个次数小于 n 的整系数多项式,满足

$$f(0,\cdots,0) \equiv 0 (\bmod\ p)$$

则同余式

$$f(x_1,\cdots,x_n) \equiv 0 (\bmod\ p) \tag{1}$$

模 p 的解 $\{x_1,\cdots,x_n\}$ 的个数 N,满足 $p \mid N$,且模 p 非零解的个数至少为 2.

证 设 $k \geqslant 0$,首先证明

$$\sum_{c=0}^{p-1} c^k \equiv \begin{cases} 0 (\bmod\ p), & \text{如果 } k = 0 \text{ 或 } p - 1 \nmid k \\ 1 (\bmod\ p), & \text{如果 } k > 0 \text{ 且 } p - 1 \mid k \end{cases} \tag{2}$$

若 $k = 0$,定义 $0^0 = 1$,式(2)显然成立. 设 $k > 0$,g 是 p 的一个元根,得

$$\sum_{c=0}^{p-1} c^k = \sum_{c=1}^{p-1} c^k \equiv \sum_{j=0}^{p-2} (g^j)^k = \sum_{j=0}^{p-2} (g^k)^j$$

$$\equiv \begin{cases} \dfrac{(g^k)^{p-1} - 1}{g^k - 1} \equiv 0 (\bmod\ p), & \text{如果 } p - 1 \nmid k \\ -1 (\bmod\ p), & \text{如果 } p - 1 \mid k \end{cases}$$

这就证明了式(2). 设 $h(x_1,\cdots,x_n)$ 是一个 n 元整系数多项式, 次数小于 $n(p-1)$. 我们来证明

$$\sum_{c_1=0}^{p-1}\cdots\sum_{c_n=0}^{p-1}f(c_1,\cdots,c_n)\equiv 0(\bmod\ p) \qquad (3)$$

由线性性质, 只需证明式(3)对单项式 $x_1^{k_1}\cdots x_n^{k_n}(k_1\geqslant 0,\cdots,k_n\geqslant 0,k_1+\cdots+k_n<n(p-1))$ 成立. 由于

$$k_1+\cdots+k_n<n(p-1)$$

则至少有一个 k_j, 满足

$$0\leqslant k_j<p-1$$

于是, 由式(2)可得

$$\sum_{c_1=0}^{p-1}\cdots\sum_{c_n=0}^{p-1}c_1^{k_1}\cdots c_n^{k_n}$$

$$=(\sum_{c_1=0}^{p-1}c_1^{k_1})\cdots(\sum_{c_j=0}^{p-1}c_j^{k_j})\cdots(\sum_{c_n=0}^{p-1}c_n^{k_n})$$

$$\equiv 0(\bmod\ p)$$

这便证明了式(3). 考虑整系数多项式

$$G(x_1,\cdots,x_n)=1-f^{p-1}(x_1,\cdots,x_n)$$

显然, 它具有性质:当 $f(c_1,\cdots,c_n)\equiv 0(\bmod\ p)$ 时, $G(c_1,\cdots,c_n)\equiv 1(\bmod\ p)$;当 $f(c_1,\cdots,c_n)\not\equiv 0(\bmod\ p)$ 时,$G(c_1,\cdots,c_n)\equiv 0(\bmod\ p)$. 所以

$$\sum_{c_1=0}^{p-1}\cdots\sum_{c_n=0}^{p-1}G(c_1,\cdots,c_n)\equiv N(\bmod\ p) \qquad (4)$$

由于 $f(x_1,\cdots,x_n)$ 的次数小于 n, 故 $G(x_1,\cdots,x_n)$ 的次数小于 $n(p-1)$. 由式(3)知, 式(4)的左端 $\equiv 0(\bmod\ p)$,这就证明了 $p\mid N$. 由题设(1)有零解, 则

$$N>0,N\geqslant p\geqslant 3$$

故式(1)的模 p 非零解至少 2 个.

　　注　本题是 1935 年,Artin 提出的一个猜想,次年由 Chevally 证明,他证明的结果是在一般的有限域 F_q

上的情形,当 $q=p$ 时,即本题的内容. 所以通常把这一
结果称为 Chevally 定理. 这一定理很基本,有许多应
用. 例如,可以证明加法数论中一个命题:设 p 是一个
素数,任给 $2p-1$ 个整数 $a_j,j=1,\cdots,2p-1$,则在 $\{1,$
$2,\cdots,2p-1\}$ 中有一个子集 I,且 $|I|=p$,使得

$$\sum_{i\in I}a_i\equiv 0(\bmod\ p)$$

还可用来证明图论中的一个性质:每一个 4 - 正则加
一边图包含一个 3 - 正则子图(参阅[1]). 应用 Chev-
ally 定理,还可证明代数的一个基本性质(Wedderburn
定理):有限除环是域[2].

　　《初等数论 100 例》第 65 例的注中,柯召先生和
孙琦曾提出:"设 $n\geq 2$,是否对于任意给定的 $2n-1$ 个
整数,都能从中选出 n 个整数,其和被 n 整除? 由于
$2n-2$ 个数

$$a_i=0,a_{i+n-1}=1\quad(i=1,2,\cdots\cdots,n-1)$$

中不能选出 n 个数,其和被 n 整除,所以 $2n-1$ 不能再
小."这一问题,在 20 世纪 80 年代初,引起不少读者
的兴趣. 单墫[3]和高维东[4]用不同的方法分别独立
地给出了解答,回答是肯定的. 解决这　问题的关键
是证明 $n=p$ 的情形,即证明上面提到的加法数论中的
命题. 后来才知道,这一问题,在 60 年代,已被 Erdös,
Ginzburg 和 Ziv[5]解决. Erdös - Ginzburg - Ziv 定理推
动了加法数论中零和理论的形成和发展,成为这一研
究领域中著名的基本定理. 设 G 是一个有限 Abel 群,
S 是由 G 的元构成的序列(元素允许重复,简称 S 是一
个 G - 序列),如果 S 的所有项之和为 0(G 的单位元)
则称 S 为一个零和序列. 用 $D(G)$ 表示满足下面条件

为最小正整数 d,任一个 G - 序列 S 如果其长度 $|S| \geq d$,就必包含一个非空的零和子序列,$D(G)$ 被称为 G 的 Davenport 常数. 用 $S(G)$ 表示满足下面条件的最小正整数 t,任一个 G - 序列 S 如果 $|S| \geq t$,就必包含一个长度为 $|G|$ 的零和子序列. 当 $G = Z_n$ 是一个 n 阶循环群时,Erdös - Ginzburg - Ziv 定理给出 $S(Z_n) = 2n - 1$. 熟知,如果 S 是 n 个整数组成的集,则存在 S 的某个非空子集,其诸元之和被 n 整除,且 n 不能再小,故 $G(Z_n) = n$,我们有 $S(Z_n) = n + D(Z_n) - 1$. 高维东完成文献[4]时,还是一名在校大学生,由于喜欢数论和组合数学,从此走上了研究加法数论的道路. 今天,高维东在这一领域内,已做了不少有影响的工作. 特别是 1996 年,高维东[6]证明了

$$S(G) = |G| + D(G) - 1$$

得到零和理论中两个重要的基本常数 $S(G)$ 和 $D(G)$ 之间一个简洁关系式,已成为零和理论中众所周知的结果. 以色列数学家 Alon. N 认为这一结果的证明非常精彩和巧妙.

[1] 柯召,孙琦. 数论讲义:下册[M]. 2 版. 北京:高等教育出版社,2003:87 - 90.

[2] SMALL C. Arithmetic of Finite Fields [M]. New York:Marcel Dekker,1991:73 - 76.

[3] 单墫. 关于初等数论的一个猜想[J]. 数学进展, 1983,12:299 - 301.

[4] 高维东. 从任意 $2n - 1$ 个整数中必可选出 n 个使其和为 n 之倍数[J]. 东北师大学报:自然科学版,1985(4):15 - 17.

［5］ ERDÖS P,GINZBURG A, ZIV A. A theorem in the additive number theory［J］. Bull. Res. Council Israel,1961,10F:41 –43.

［6］ GAO Weidong. A combinatorial problem on finite abelians groups［J］. J. Number Theory, 1996,58: 100 –103.

26. 设 a,b,c 均为正整数,则

$$[a,b,c] = \frac{abc}{(ab,ac,bc)} \qquad (1)$$

证　设 p 是一个素数,且

$$p \mid abc, p^\alpha \parallel a, p^\beta \parallel b, p^\gamma \parallel c$$

这里 α,β,γ 是非负整数,且不全为 0. 显然,可推出

$$p^{\alpha+\beta+\gamma} \parallel abc$$
$$p^{\max\{\alpha,\beta,\gamma\}} \parallel [a,b,c]$$
$$p^{\min\{\alpha+\beta,\alpha+\gamma,\beta+\gamma\}} \parallel (ab,ac,bc)$$

因此,由整数的唯一分解定理知,要证明式(1)成立,只需证明对 abc 的每一个素因子 p,α,β,γ 满足

$$\max\{\alpha,\beta,\gamma\} = \alpha+\beta+\gamma - \min\{\alpha+\beta,\alpha+\gamma,\beta+\gamma\} \qquad (2)$$

成立,即 p 出现在式(1)的左端和右端的方幂相同.

证明式(2)成立,需要考虑 α,β,γ 之间 6 种大小关系. 我们来讨论其中的一种情形,其余 5 种可类似地证明. 不妨设 $\alpha \leqslant \beta \leqslant \gamma$,则左端为 γ,右端 $= \alpha+\beta+\gamma-(\alpha+\beta) = \gamma$,故式(2)成立,即知式(1)成立.

注　类似的方法可证

$$(ab,ac,bc) = \frac{(a,b)(a,c)(b,c)}{(a,b,c)}$$

把上式代入式(1),可得另一个关系式

$$[a,b,c] = \frac{abc(a,b,c)}{(a,b)(a,c)(b,c)} \tag{3}$$

并推出 $[a,b,c] = abc$ 当且仅当 $(a,b) = (a,c) = (b,c) = 1$. 本题选自文献[1]中§4的一个习题,解法有所不同.

式(3)可以推广到任意 n 个正整数的情形. 设 $n > 1, a_1, a_2, \cdots, a_n$ 为任意 n 个正整数,则有

$$[a_1, a_2, \cdots, a_n] = a_1 a_2 \cdots a_n \prod_{r=2}^{n} \prod_{1 \leqslant i_1 < \cdots < i_r \leqslant n} (a_{i_1}, \cdots, a_{i_r})^{(-1)^{r-1}} \tag{4}$$

(参阅文献[2]). 2007 年,Farhi[3]证明了

$$g_k(n) = \frac{n(n+1)\cdots(n+k)}{[n, n+1, \cdots, n+k]}$$

是一个周期数论函数. 2009 年,Farhi 和 Kane[4]得到了它的最小正周期. 对于更广泛的数论函数

$$g_{k,a,b}(n) = \frac{(b+an)(b+a(n+1))+\cdots+(b+a(n+k)))}{[b+an, b+a(n+1)+\cdots+b+a(n+k)]}$$

2011 年,洪绍方和千有国[5]证明了 $g_{k,a,b}(n)$ 也是一个周期函数,且给出了它的最小正周期. 这些工作可追溯到估计数论函数 $L(n) = [1,2,\cdots,n]$,它和著名的素数定理以及切比雪夫(Чебышеь)不等式有关联(参阅文献[6]).

[1] 潘承洞,潘承彪. 简明数论[M]. 北京:北京大学出版社,1998.

[2] 华罗庚. 数论导引[M]. 北京:科学出版社,1957.

[3] FARHI B. Nontrivial lower bounds for the least common multiple of some finite sequences of integers

[J]. J. Number theory,2007(125):393 –411.

[4] FARHI B, KANE D. New results on the least common multiple of consecutive integers[J]. Proc. A-mer. Math. Soc. ,2009(137):1933 –1939.

[5] HONG S, QIAN G. The least common multiple of consecutive arithmetic progression terms[J]. Proc. Edinburgh Math,Soc. ,2011(54):431 –441.

[6] NAIR M. On Chebyshev – type inequalities of primes [J]. Amer. Math. Monthly, 1982 (89): 126 –129.

27. 设 $d_1,d_2,\cdots,d_n$ 是 n 个正整数,$u_i = (d_i,\dfrac{d_1\cdots d_n}{d_i})$,则

$$u_i = \left(u_i,\frac{u_1\cdots u_n}{u_i}\right) \tag{1}$$

证　对于任给的素数 p,设

$$p^{h_i}\parallel d_i,p^{l_i}\parallel u_i,p^{e_i}\parallel\frac{u_1\cdots u_n}{u_i},i=1,\cdots,n$$

显然有

$$l_i = \min\{h_i,\sum_{j\neq i}h_j\}$$

和

$$e_i = \sum_{j\neq i}\min\{h_j,\sum_{j\neq k}h_k\}$$

因此,式(1)成立当且仅当对所有的素数 p 和对所有的 $i(1\leq i\leq n)$,不等式 $l_i\leq e_i$ 成立,即下面的不等式成立

$$\min\{h_i,\sum_{j\neq i}h_j\}\leq\sum_{j\neq i}\min\{h_j,\sum_{j\neq k}h_k\} \tag{2}$$

我们分两种情况来讨论:

情形 I :对某个 $j \neq i, h_i \leqslant h_j$. 此时

$$\min\{h_i, \sum_{j \neq i} h_j\} = h_i \leqslant \min\{h_j, \sum_{k \neq j} h_k\} \qquad (3)$$

显然,式(3)的右边 $\leqslant$ 式(2)的右边,即式(2)成立.

情形 II :对于所有的 $j \neq i, h_i \geqslant \max h_j$. 此时

$$\min\{h_i, \sum_{j \neq i} h_j\} \leqslant \sum_{j \neq i} h_j \leqslant \sum_{j \neq i} \min\{h_j, \sum_{k \neq j} h_k\}$$

式(2)也成立. 这就证明了式(1)成立.

注 27 题是文献[1]中得到的一个性质,用来讨论有限域上对角方程的解数. 当 $\omega_j = (d_j, [d_i : i \neq j])$ 时,仍有 $\omega_j = (\omega_j, [\omega_i : i \neq j])$,参见[2].

[1] SUN Qi, WAN Daqing. On the Diophantine Equation $\Sigma_{i=1}^{n} x_i/d_i \equiv 0 \pmod 1$ [J]. Proc. AMS, 1991(112): 25 – 29.

[2] GRANVILLE A, LI Shuguang, SUN Qi. On the number of solutions of the equation $\Sigma_{i=1}^{n} x_i/d_i \equiv 0 \pmod 1$ and of diagonal equations in finite fields [J]. 四川大学学报:自然科学版,1995(32): 243 – 248.

28. 设 $d_i > 1$ 是 n 个整数,$i = 1, \cdots, n$. $A(d_1, \cdots, d_n)$ 是方程

$$\sum_{i=1}^{n} \frac{y_i}{d_i} \equiv 0 \pmod 1, 0 < y_i < d_i, i = 1, \cdots, n \qquad (1)$$

的整数解 $\{y_1, \cdots, y_n\}$ 的个数. 证明:如果 $n = 2$,则方程(1)有解的充分必要条件是 $d = (d_1, d_2) > 1$,且当 $d > 1$ 时,$A(d_1, d_2) = d - 1$,其解为

$$\{y_1, y_2\} = \left\{ j \frac{d_1}{d}, d_2 \frac{d-j}{d} \right\}, j = 1, \cdots, d-1 \qquad (2)$$

证 $n=2$ 时,方程(1)化为

$$\frac{y_1}{d_1} + \frac{y_2}{d_2} \equiv 0 (\bmod 1), 0 < y_1 < d_1, 0 < y_2 < d_2 \quad (3)$$

如果式(3)有解,则有 $(d_1, d_2) = d > 1$,否则,由 $d = 1$ 和式(3)推出 $d_1 \mid y_1$,与 $0 < y_1 < d_1$ 矛盾. 反之,设 $(d_1, d_2) = d > 1$,式(3)与不定方程

$$\frac{y_1}{d_1} + \frac{y_2}{d_2} = 1, 0 < y_1 < d_1, 0 < y_2 < d_2 \quad (4)$$

等价. 由式(4)得

$$y_1 \frac{d_2}{d} + y_2 \frac{d_1}{d} = \frac{d_1 d_2}{d} \quad (5)$$

再由 $\left(\dfrac{d_1}{d}, \dfrac{d_2}{d}\right) = 1$,得到

$$\frac{d_1}{d} \mid y_1$$

令 $y_1 = j\dfrac{d_1}{d}, j = 1, \cdots, d - 1$,代入式(5)得

$$y_2 = d_2 - j\frac{d_2}{d} = d_2 \frac{d - j}{d}, j = 1, \cdots, d - 1$$

由于 $0 < j\dfrac{d_1}{d} < d_1, 0 < d_2\dfrac{d - j}{d} < d_2$,即知 $n = 2$ 时,式(2)给出了方程(1)的全部解,以及 $A(d_1, d_2) = d - 1$.

29. 设 $d_1 \leqslant d_2 \leqslant \cdots \leqslant d_n, d_i \mid d_{i+1}, i = 1, \cdots, n - 1$,则

$$A(d_1, \cdots, d_n) = \prod_{i=1}^{n-1}(d_i - 1) - \prod_{i=1}^{n-2}(d_i - 1) + \cdots + \\ (-1)^{n-1}(d_2 - 1)(d_1 - 1) + \\ (-1)^n(d_1 - 1) \quad (1)$$

其中,$A(d_1, \cdots, d_n)$ 的定义见28题.

证 如果$\{u_1,\cdots,u_n\}$是方程

$$\frac{y_1}{d_1}+\cdots+\frac{y_{n-1}}{d_{n-1}}+\frac{y_n}{d_n}\equiv 0\,(\bmod\,1)\,,d_j>1,0<y_j<d_j$$
$$j=1,\cdots,n,d_i|d_{i+1},i=1,\cdots,n-1 \qquad (2)$$

的一组解,则$\{u_1,\cdots,u_{n-1}\}$是

$$\frac{x_1}{d_1}+\cdots+\frac{x_{n-1}}{d_{n-1}}\not\equiv 0\,(\bmod\,1)\,,d_j>1,0<x_j<d_j$$
$$j=1,\cdots,n-1,d_i|d_{i+1},i=1,\cdots,n-2 \qquad (3)$$

的一组解. 显然式(2)的两个不同的解,用以上方法可得式(3)的两个不同的解. 反之,设$\{v_1,\cdots,v_{n-1}\}$是式(3)的任一组解,我们来证明存在式(2)的一组解$\{z_1,\cdots,z_{n-1},z_n\}$,使得$z_j=v_j,j=1,\cdots,n-1$. 把$v_1$,$v_2,\cdots,v_{n-1}$代入式(2),得

$$\frac{v_1}{d_1}+\cdots+\frac{v_{n-1}}{d_{n-1}}+\frac{y_n}{d_n}\equiv 0\,(\bmod\,1) \qquad (4)$$

只需证明:存在$y_n=z_n$,满足$0<z_n<d_n$,使式(4)成立. 由于

$$\frac{v_1}{d_1}+\cdots+\frac{v_{n-1}}{d_{n-1}}\not\equiv 0\,(\bmod\,1)\,,d_i|d_{i+1},i=1,\cdots,n-2$$

由带余除法知,存在唯一的整数f,使得

$$\frac{v_1}{d_1}+\cdots+\frac{v_{n-1}}{d_{n-1}}=q+\frac{f}{d_{n-1}}$$

其中,q是一个整数,$0<f<d_{n-1}$. 将其代入式(4),故只需证明:对于给定的f,d_{n-1},d_n,存在$y_n=z_n$,满足

$$\frac{f}{d_{n-1}}+\frac{z_n}{d_n}\equiv 0\,(\bmod\,1)\,,0<z_n<d_n$$

这等价下式

$$\frac{f}{d_{n-1}}+\frac{z_n}{d_n}=1,0<z_n<d_n \qquad (5)$$

54

有解.

设 $d_n = h d_{n-1}$, 式(5)给出 $z_n = d_n - h f$, 且 $0 < z_n < d_n$. 设 $B(d_1, \cdots, d_{n-1})$ 和 $A(d_1, \cdots, d_n)$ 分别表示式(3)和式(2)解的个数,以上证明了

$$A(d_1, \cdots, d_n) = B(d_1, \cdots, d_{n-1})$$

而

$$A(d_1, \cdots, d_{n-1}) = \sum_{j=1}^{n-1} (d_j - 1) - B(d_1, \cdots, d_{n-1})$$

故

$$A(d_1, \cdots, d_n) = \sum_{j=1}^{n-1} (d_j - 1) - A(d_1, \cdots, d_{n-1}) \quad (6)$$

由递推公式(6),便有

$$A(d_1, \cdots, d_{n-1}) = \sum_{j=1}^{n-2} (d_j - 1) - A(d_1, \cdots, d_{n-2})$$

$$\vdots$$

$$A(d_1, d_2, d_3) = (d_2 - 1)(d_1 - 1) - A(d_1, d_2)$$

由于 $(d_1, d_2) = d_1 > 1$, 28 题的结果给出 $A(d_1, d_2) = d_1 - 1$, 依次代入,便得方程(1).

注　28 题中方程(1)及其解的个数 $A(d_1, \cdots, d_n)$, 在有限域 F_q 上对角方程的解和有限域上代数簇的 Zeta 函数等研究中,有不少应用. 例如,在 1949 年, Weil 猜想:有限域 F_q 上一类由 d 次型 $f(x_1, \cdots, x_n)$ 所定义的绝对非奇异的代数簇的 Zeta 函数 $Z(t)$ 是有理函数,形如

$$Z(t) = \frac{P(t)^{(-1)^n}}{(1-t)(1-qt) \cdots (1-q^{n-1}t)}$$

这里 $P(t)$ 是一个整系数多项式,次数为

$$\frac{1}{d}\left((d-1)^{n+1} + (-1)^{n+1}(d-1)\right)$$

(限于篇幅,这里仅列出猜想的一部分,全部内容可参阅[1]). 令 $d_1 = \cdots = d_n = d$,由本题可得

$$A(d,\cdots,d) = \frac{1}{d}((d-1)^{n+1} + (-1)^{n+1}(d-1))$$

1959 年,Dwork 解决了猜想的部分,剩下部分由 Deligne 在 1973 年解决. 对 Weil 猜想的研究,有力地推动了算术代数几何的发展. 近十多年来,在算术代数几何和 p-adic 分析领域内又有重要进展,其中最为突出的成果之一是万大庆发展了 p-adic Banach 空间的理论,证明了 Dwork 在 1973 年提出的一个猜想(这里猜想可以看做 Weil 猜想的 p-adic 推广),其证明分三篇长文,在 1999 年和 2000 年间,分别发表在国际顶尖刊物 Ann. of Math. 和 J. Amer. Math. Soc. 上. 万大庆关于 Dwork 猜想的工作在国际数学界影响很大,得到多位国际一流数学家很高的评价.

$A(d_1,\cdots,d_n)$ 存在一般的计算公式,即

$$A(d_1,\cdots,d_n) = (-1)^n + \sum_{k=1}^{n} (-1)^{n-k} \cdot \sum_{1 \leq i_1 < i_2 < \cdots < i_k \leq n} \frac{d_{i_1} \cdots d_{i_k}}{[d_{i_1},\cdots,d_{i_k}]}$$

这一复杂的公式,曾有多人先后独立得到,可参阅下面两文献[2],[3].

[1] IRELAND K,ROSEN M. A classical introduction to Modern Number Theory [M]. 2nd ed. New York:Springer-Verlag,1990:163.

[2] 柯召,孙琦. 数论讲义:下册[M]. 2 版. 北京:高等教育出版社,2003.

[3] BERNDT B C,EVANS E J,WILLIAMS K S. Gauss

and Jacobi Sums [M]. New York：Wiley-Inter-science，1998.

30. 设 $r+1(r \geqslant 1)$ 个正整数的素因子总共只包含 r 个素数，则存在这些整数的一个子集，它所包含的所有整数的乘积是完全平方数．

证 设 $a_1, \cdots, a_r, a_{r+1}$ 是 $r+1$ 个正整数，记 $A = \{a_1, \cdots, a_r, a_{r+1}\}$．不妨设 A 中的数两两不等，否则有 $a_i = a_j, 1 \leqslant i < j \leqslant r+1$，则 $a_i a_j = a_i^2$，命题得证．显然，A 的非空子集为：

含 1 个数的子集是：$\{a_1\}, \cdots, \{a_r\}, \{a_{r+1}\}$，共 $\binom{r+1}{1} = r+1$ 个；

含 2 个数的子集是：$\{a_1, a_2\}, \cdots, \{a_1, a_{r+1}\}, \cdots, \{a_r, a_{r+1}\}$，共 $\binom{r+1}{2} = \dfrac{r(r+1)}{2}$ 个；

$$\vdots$$

含 r 个数的子集是：$\{a_1, \cdots, a_{r-1}, a_r\}, \{a_1, \cdots, a_{r-1}, a_{r+1}\}, \cdots, \{a_2, \cdots, a_r, a_{r+1}\}$，共 $\binom{r+1}{r} = r+1$ 个；

含 $r+1$ 个数的子集是 A 本身，共 $\binom{r+1}{r+1} = 1$ 个．

它们所包含的所有整数的积，分别是

$$a_1, a_2, \cdots, a_{r+1}$$
$$a_1 a_2, \cdots, a_1 a_{r+1}, \cdots, a_r a_{r+1}$$
$$\vdots \tag{1}$$
$$a_1 a_2 \cdots a_r, a_1 \cdots a_{r-1} a_{r+1}, \cdots, a_2 \cdots a_r a_{r+1}$$
$$a_1 a_2 \cdots a_r a_{r+1}$$

这些乘积的总个数(即 A 的全部非空子集的总数)为

$$\binom{r+1}{1} + \binom{r+1}{2} + \cdots + \binom{r+1}{r+1} = 2^{r+1} - 1$$

设 $p_1, \cdots, p_r$ 为 A 中 $r+1$ 个整数的全部素因子. 由整数的唯一分解定理知,式(1)中的每一个乘积,均可唯一地表示为

$$p_1^{\alpha_1} \cdots p_r^{\alpha_r} \quad (\alpha_1, \alpha_2, \cdots, \alpha_r \text{ 均为非负整数}) \quad (2)$$

熟知,式(2)中的数是一个平方数当且仅当 $\alpha_1, \cdots, \alpha_r$ 全为偶数. 因此,考虑式(1)中的乘积是否为完全平方数,只需考虑它对应的 $\alpha_1, \cdots, \alpha_r$ 模 2 的余数,此时,α_j 取 0 或 $1(j = 1, \cdots, r)$,$\{\alpha_1, \cdots, \alpha_r\}$ 模 2 所有可能的个数是 2^r 个,而 $2^{r+1} - 1 > 2^r$,由抽屉原理知,式(1)中至少有两个不同的乘积 I 和 J 在式(2)中对应的 $\{\alpha_1, \cdots, \alpha_r\}$ 模 2 相同,IJ 即是一个完全平方数,记为 $IJ = K^2$,K 是一个正整数. 由于 I 和 J 是式(1)中不同的乘积,且 A 中各数无两个相同,设

$$I = \alpha_{i_1} \cdots \alpha_{i_t}, J = \alpha_{j_1} \cdots \alpha_{j_s}$$
$$\{\alpha_{i_1}, \cdots, \alpha_{i_t}\} \cap \{\alpha_{j_1}, \cdots, \alpha_{j_s}\} = H$$

可得

$$\frac{IJ}{\prod_{a \in H} a^2} = \frac{K^2}{\prod_{a \in H} a^2} \quad (3)$$

此时,式(3)的左端是式(1)中某个乘积,右端是一个完全平方数,这就证明了本题的结论.

注 本题选自文献[1]中第 81 页的问题 3.3.24,这里的解答是我们给出的.

[1] L·C·拉森. 美国大学生数学竞赛例题选讲[M]. 潘正义,译. 北京:科学出版社,2003.

31. 设 p 是一个素数,取 p 的一个完全剩余系 $\{0,1,\cdots,p-1\}$,按模 p 的加法和乘法运算,构成一个域,记为 F_p.

1)用两种方法计算元素取自 F_p 的所有二阶可逆矩阵的个数.

2)计算元素取自 $Z/(26)$(模 26 的剩余类环)的所有二阶可逆矩阵的个数.

解　首先求本题的第1)部分.设元素取自 F_p 的任一个二阶可逆矩阵

$$\boldsymbol{M}=\begin{pmatrix} a & b \\ c & d \end{pmatrix},\ (p,ad-bc)=1 \tag{1}$$

显然,元素取自 F_p 的全部二阶矩阵的个数为 p^4.设同余式

$$ad-bc\equiv 0\,(\bmod\ p),\ a,b,c,d\in F_p \tag{2}$$

解 $\{a,b,c,d\}$ 的个数为 N,式(1)中 $\boldsymbol{M}$ 的个数为 N_1,则有

$$N_1=p^4-N \tag{3}$$

如果 $ad\equiv 0\,(\bmod\ p)$,则 $bc\equiv 0\,(\bmod\ p)$,从而 $\{a,d\}$ 和 $\{b,c\}$ 分别有 $2p-1$ 个解:$\{0,1\}$,$\{0,2\}$,$\cdots$,$\{0,p-1\}$,$\{1,0\}$ $\{2,0\}$,$\cdots$,$\{p-1,0\}$,$\{0,0\}$.于是得到式 (2)在 $ad\equiv bc\equiv 0\,(\bmod\ p)$ 时,有 $(2p-1)^2$ 个解.现设

$$ad\equiv e\,(\bmod\ p),\ bc\equiv e\,(\bmod\ p),\ 1\le e\le p-1$$

则同余式(2)有 $(p-1)^3$ 个解.于是,得

$$N=(2p-1)^2+(p-1)^3$$

将上式代入式(3),便知

$$\begin{aligned} N_1 &=p^4-(2p-1)^2-(p-1)^3 \\ &=(p^2-1)(p^2-p) \end{aligned}$$

下面,用另一种方法来计算 N_1. 因为可逆矩阵 $\boldsymbol{M}$ 的行列式 $|\boldsymbol{M}|$ 满足 $(|\boldsymbol{M}|, p) = 1$,故 $\boldsymbol{M}$ 的第一行只能取 $p^2 - 1$ 个非零向量. 设 $\boldsymbol{M}$ 的第一行 $\boldsymbol{A}_1 = (a, b)$ 是一个非零向量,与 $\boldsymbol{A}_1$ 相关的非零向量有 $p - 1$ 个: $k\boldsymbol{A}_1$, $k = 1, \cdots, p - 1$;$\boldsymbol{M}$ 的第二行只能取与第一行无关的非零向量,共 $p^2 - 1 - (p - 1) = p^2 - p$ 个,这就证明了 $N_1 = (p^2 - 1)(p^2 - p)$,完成了对 1)的求解.

现求本题的第 2)部分. 设 $Z/(26)$ 上所有二阶可逆矩阵的集为 S,F_2 上所有二阶可逆矩阵的集为 S_1,F_{13} 上所有二阶可逆矩阵的集为 S_2. 设

$$\boldsymbol{A} \in S, \boldsymbol{A} = \begin{pmatrix} a & b \\ c & d \end{pmatrix}, |\boldsymbol{A}| = ad - bc, (|\boldsymbol{A}|, 26) = 1$$

$$(4)$$

对 $\boldsymbol{A}$ 中各数,分别取模 2 和模 13,得

$$\boldsymbol{A} \equiv \boldsymbol{D}_1 = \begin{pmatrix} a_1 & b_1 \\ c_1 & d_1 \end{pmatrix} (\bmod 2)$$

$$\boldsymbol{A} \equiv \boldsymbol{D}_2 = \begin{pmatrix} a_2 & b_2 \\ c_2 & d_2 \end{pmatrix} (\bmod 13)$$

由式(4),有

$$(|\boldsymbol{D}_1|, 2) = (|\boldsymbol{D}_2|, 13) = 1$$

即 $$\boldsymbol{D}_1 \in S_1, \boldsymbol{D}_2 \in S_2$$

反之,任给一对 $\{\boldsymbol{D}_1, \boldsymbol{D}_2\}$,$\boldsymbol{D}_1 \in S_1, \boldsymbol{D}_2 \in S_2$,不妨设

$$\boldsymbol{D}_i = \begin{pmatrix} a_i & b_i \\ c_i & d_i \end{pmatrix}, i = 1, 2 \qquad (5)$$

对式(5)中 $\boldsymbol{D}_1$ 和 $\boldsymbol{D}_2$ 各整数,用孙子定理,分别解以下各同余式组

$$a \equiv a_1 (\bmod 2), a \equiv a_2 (\bmod 13)$$

$$b \equiv b_1 (\bmod 2), b \equiv b_2 (\bmod 13)$$

$$c \equiv c_1 (\bmod 2), c \equiv c_2 (\bmod 13)$$

$$d \equiv d_1 (\bmod 2), d \equiv d_2 (\bmod 13)$$

可以唯一决定一个二阶矩阵

$$\boldsymbol{A} = \begin{pmatrix} a & b \\ c & d \end{pmatrix}, \boldsymbol{A} \in S$$

于是,映射 $\boldsymbol{A} \leftrightarrow \{\boldsymbol{D}_1, \boldsymbol{D}_2\}$ 是 S 和 $S_1 \times S_2$ 之间的一一对应. 由本题第 1)部分的结论知

$$|S_1| = (2^2 - 1)(2^2 - 2) = 6$$

$$|S_2| = (13^2 - 1)(13^2 - 13) = 26\,208$$

故

$$|S| = |S_1||S_2| = 157\,248$$

这就得到了 2)要求的结果.

注　本题第 1)部分选自 [1]. 第 2)部分选自 [2],其背景是 1929 年,Hill 提出的一类经典对称密码,其密钥取自 $Z/(26)$ 上的可逆矩阵.

[1]　KOBLETZ N. A course in Number Theory and Cryptography [M]. New York：Springer-Verlag, 1987：77.

[2]　STINSON D R. Cryptography：Theory and Practice [M]. [S. l.]：CRC Press, 1995.

32. 设 $n \geq 2$ 是一个整数,计算元素取自 F_p 的所有 n 阶可逆矩阵的个数.

证　设 n 阶矩阵

$$A = \begin{pmatrix} a_{1,1} & a_{1,2} & \cdots & a_{1,n} \\ a_{2,1} & a_{2,2} & \cdots & a_{2,n} \\ \vdots & \vdots & & \vdots \\ a_{n-1,1} & a_{n-1,2} & \cdots & a_{n-1,n} \\ a_{n,1} & a_{n,2} & \cdots & a_{n,n} \end{pmatrix} \quad (1)$$

$$a_{i,j} \in F_p \quad (i,j = 1,2,\cdots,n)$$

现在，我们来直接构造一个元素取自 F_p 的 n 阶可逆矩阵，如果 A 是可逆矩阵，则 A 的第一行诸元素构成的行向量

$$A_1 = \{a_{1,1}, a_{1,2}, \cdots, a_{1,n}\}$$

只能是非零向量，故 A_1 可选 $p^n - 1$ 个非零向量中的任一个；设 A 的第二行构成的行向量

$$A_2 = \{a_{2,1}, a_{2,2}, \cdots, a_{2,n}\}$$

它只能是与 A_1 线性无关的非零向量，这样的非零向量共有

$$p^n - 1 - (p-1) = p^n - p$$

个，故 A_2 可选这 $p^n - p$ 个向量中的任一个；于是，A 的第三行构成的行向量

$$A_3 = \{a_{3,1}, a_{3,2}, \cdots, a_{3,n}\}$$

只能是与 A_1 和 A_2 线性无关的非零向量，这样的非零向量共有

$$p^n - 1 - (p^2 - 1) = p^n - p^2$$

个（因为与 A_1 和 A_2 线性相关的非零向量有 $p^2 - 1$ 个：$k_1 A_1 + k_2 A_2, k_1, k_2 \in F_p, k_1, k_2$ 不全为 0）．由类似地讨论可知，A 的第 n 行构成的行向量

$$A_n = \{a_{n,1}, a_{n,2}, \cdots, a_{n,n}\}$$

只能选与 $A_1, A_2, \cdots, A_{n-1}$ 线性无关的非零向量（它们

共有 $p^n - 1 - (p^{n-1} - 1) = p^n - p^{n-1}$ 个) 中的任一个.

设 (1) 中全部可逆矩阵的个数为 N, 则

$$N = (p^n - 1)(p^n - p)(p^n - p^2) \cdots (p^n - p^{n-1}) \quad (2)$$

注 由式 (2) 不难得到式 (1) 中行列式等于 1 的

全体可逆矩阵的个数为 $\dfrac{N}{p-1}$, 这就证明了 K. Ireland,

M. Rosen 书中 (见 29 题注) 第 10 章练习的第 6 题.

对于全体 n 阶整数矩阵的集, 记为 $M_n(\mathbf{Z})$. 对 $M_n(\mathbf{Z})$ 取模 2 进行分类: 任给两个 n 阶整数矩阵 $\boldsymbol{A}$ 和 $\boldsymbol{B}$, 属于同一类当且仅当 $\boldsymbol{A} \equiv \boldsymbol{B} \pmod{2}$, 即 $\boldsymbol{A}$ 和 $\boldsymbol{B}$ 对应的元分别模 2 同余. 这是一个等价关系, 把 $M_n(\mathbf{Z})$ 分成 2^{n^2} 个等价类. 如果每一个类取一个由 0 或 1 组成的 n 阶矩阵为代表, 它们组成的完全剩余系恰为 $F_2 = \{0, 1\}$ 上的全体 n 阶矩阵, 个数为 2^{n^2}, 其中全部可逆矩阵的个数设为 N_1, 由式 (2) 可知

$$N_1 = (2^n - 1)(2^n - 2) \cdots (2^n - 2^{n-1})$$

它们的行列式的值均为 1. 以上表明, 对全体 n 阶整数矩阵, 取模 2 进行分类, 得到 2^{n^2} 个等价类, 这当中恰有

$$(2^n - 1)(2^n - 2) \cdots (2^n - 2^{n-1})$$

个类, 其中每一个类中的 n 阶整数矩阵的值是奇数, 这也回答了 L·C·拉森书中 (见 30 题注) 的问题 3.2.12.

33. 设 p 是一个奇素数, $d = \dfrac{p-1}{2}$, $n > 0$, $a_1, \cdots,$ a_n 是 n 个给定的非零整数. 当 $\varepsilon_1, \varepsilon_2, \cdots, \varepsilon_n$ 分别独立地取 0, ± 1 时, 除了 $\varepsilon_1 = \varepsilon_2 = \cdots = \varepsilon_n = 0$ 外, 均有

$$\sum_{j=1}^{n} \varepsilon_j a_j \neq 0 \quad (1)$$

且满足

$$\sum_{j=1}^{n} |a_j| < p \tag{2}$$

则不定方程

$$a_1 x_1^d + \cdots + a_n x_n^d = 0 \tag{3}$$

除了有解 $x_j = 0 (j = 1, \cdots, n)$ 外,无其他的整数解.

证 如果不定方程 (3) 有一组非零解 $\{u_1, \cdots, u_n\}$,不妨设 $(u_1, \cdots, u_n) = 1$. 设 $u_1, \cdots, u_n$ 中不被 p 整除的数共有 k 个,显然,$1 \leqslant k \leqslant n$,设为 $u_{i_t}, t = 1, \cdots, k$,$1 \leqslant i_1 < \cdots < i_k \leqslant n$. 由条件 (2) 知

$$p \nmid a_j, j = 1, \cdots, n$$

于是,由 $d = \dfrac{p-1}{2}$ 和 Fermat 小定理推出

$$u_{i_t}^{\frac{p-1}{2}} \equiv \pm 1 (\bmod p), t = 1, \cdots, k$$

故对式 (3) 取模 p,得

$$\pm a_{i_1} \pm a_{i_2} \pm \cdots \pm a_{i_k} \equiv 0 (\bmod p) \tag{4}$$

再由条件 (1) 知,式 (4) 左端不为 0,故式 (4) 给出

$$p \leqslant | \pm a_{i_1} \pm a_{i_2} \pm \cdots \pm a_{i_k}|$$
$$\leqslant |a_{i_1}| + |a_{i_2}| + \cdots + |a_{i_k}|$$
$$\leqslant \sum_{j=1}^{n} |a_j|$$

与条件 (2) 矛盾. 这就证明了本题.

注 不定方程 (3) 是 Fermat 方程 $x^n + y^n = z^n$ 的推广. 除了 Fermat 猜想外,对于推广的 Fermat 方程 (3),历史上也有不少人研究过,如 Ankeny 和 Erdös,Powell,Granville,孙琦等. 本题是所有结果中最简单的一个. 2001 年,罗家贵和孙琦证明了:设整数 $m > 1$,$d = \dfrac{p^f - 1}{m}$,p 是一个素数,f 是 p 模 m 的次数,方程 (3) 中的

系数满足条件（1）和 $\sum\limits_{j=1}^{n} |a_j| < \sqrt[\varphi(m)]{p^f}$，则方程（3）除了 $x_j = 0(j=1,\cdots,n)$ 外，无其他的整数解，其中 $\varphi(m)$ 为 Euler 函数（见[1]）. 这一结果对原有的工作有较大的改进.

[1] LUO Jiagui, SUN Qi. On Diagonal Equations over Finite Fields[J]. Finite Fields and Their Appl. ,2001(7):189 - 196.

34. 证明不定方程

$$x^4 - 2y^2 = 1 \qquad (1)$$

除 $x = \pm 1, y = 0$ 外,无其他的整数解.

证 方程(1)如有解,显然 x 为奇数,对方程(1)取模 4 知,y 为偶数. 故方程(1)可化为

$$\left(\frac{x^2+1}{2}\right)\left(\frac{x^2-1}{2}\right) = 2\left(\frac{y}{2}\right)^2 \qquad (2)$$

因为 $\left(\dfrac{x^2+1}{2}, \dfrac{x^2-1}{2}\right) = 1$,以及 $\dfrac{x^2+1}{2}$ 为奇数,由方程(2)可得

$$\frac{x^2+1}{2} = y_1^2, \frac{x^2-1}{2} = 2y_2^2, y = 2y_1 y_2 \qquad (3)$$

这里 $(y_1, y_2) = 1, y_1$ 是奇数. 由方程(3)中第二个等式推出

$$x^2 - (2y_2)^2 = 1$$

于是有

$$x + 2y_1 = \pm 1, x - 2y_1 = \pm 1$$

即知

$$x = \pm 1, y_2 = 0$$

这就证明了不定方程(1)仅有整数解 $x=\pm1,y=0$.

下面,我们介绍一种解不定方程的常用技巧——化为等价的方程,来求解方程(1). 显然方程(1)可化为

$$x^4+y^4=(y^2+1)^2 \qquad (4)$$

于是,求解方程(1),就化为求解和方程(1)等价的不定方程(4). 而方程(4)是不定方程

$$x^4+y^4=z^2 \qquad (5)$$

的特殊情形. 熟知,17 世纪,Fermat 用递降法证明了方程(5)没有 $xy\neq0$ 的整数解,即知方程(4)仅有整数解 $x=\pm1,y=0$,从而方程(1)仅有整数解 $x=\pm1,y=0$.

注 方程(1)是不定方程

$$x^4-Dy^2=1 \quad (D>0 \text{ 且不是平方数}) \qquad (6)$$

的特殊情形. 方程(6)是二元四次不定方程的基本类型之一,早在 1942 年,Ljunggren 证明了:对任一个 D,方程(6)最多有两组正整数解 x,y. 20 世纪 40 年代以来,Ljunggren,Mordell,柯召,孙琦,曹珍富,乐茂华等人对不定方程(6)做了大量的研究,直到 1996 年前后,才得到较为完满的结果. 例如,孙琦和袁平之证明了:不定方程(6)除 $D=1\,785$,$(x,y)=(13,4)$,$(239,1\,352)$;$D=4\times1\,785$,$(x,y)=(13,2)$,$(239,676)$;$D=16\times1\,785$,$(x,y)=(13,1)$,$(239,338)$ 外,最多只有一组正整数解 (x_1,y_1),且满足 $x_1^2=x_0$ 或 $2x_0^2-1$,这里 $\varepsilon=x_0+y_0\sqrt{D}$ 是 Pell 方程 $x^2-Dy^2=1$ 的基本解(参阅[1],全文见[2]).同样的结果,也由 Cohn 独立得到,可参阅[3].详细情况参阅[4],[5].

［1］ SUN Qi, YUAN Pingzhi. On the Diophantine equation $x^4 - Dy^2 = 1$［J］. 数学进展,1996(1):84.

［2］ 孙琦,袁平之. 关于不定方程 $x^4 - Dy^2 = 1$ 的一个注记［J］. 四川大学学报:自然科学版,1997(3):265－267.

［3］ COHN J H E. The Diophantine equation $x^4 - Dy^2 = 1$:Ⅱ［J］. Acta Arith.,1997,78:401－403.

［4］ 曹珍富. 丢番图方程引论［M］. 哈尔滨:哈尔滨工业大学出版社,2012.

［5］ 曹珍富. 不定方程及其应用［M］. 上海:上海交通大学出版社,2000.

35. 设 p,q 是两个不同的 $4k+3$ 型素数,$N = pq$. 证明:如果二次同余式 $x^2 \equiv a \pmod{N}$ 有解,那么该同余式恰有四个解,且其中两个解关于 N 的 Jacobi 符号为 1,另两个解关于 N 的 Jacobi 符号为 -1.

证　熟知,$x^2 \equiv a \pmod{N}$ 有解,当且仅当以下两个方程同时有解

$$x^2 \equiv a \pmod{p}$$

和

$$x^2 \equiv a \pmod{q}$$

由于上述每个方程有解时恰有两个解,所以同余式 $x^2 \equiv a \pmod{N}$ 有解时恰有四个解. 设上面第一个方程的两个解为 $\pm a_1$,第二个方程的两个解为 $\pm a_2$,联立方程

$$\begin{cases} x \equiv \pm a_1 \pmod{p} \\ x \equiv \pm a_2 \pmod{q} \end{cases}$$

即可得到 $x^2 \equiv a \pmod{N}$ 的四个解,记它们为 $\pm x_1$,

$\pm x_2$. 由 $x_1^2 \equiv a \pmod{N}$ 和 $x_2^2 \equiv a \pmod{N}$ 可知

$$x_1^2 - x_2^2 \equiv 0 \pmod{N}$$

即

$$(x_1 - x_2)(x_1 + x_2) \equiv 0 \pmod{pq}$$

不妨设 $0 \le x_1, x_2 < \dfrac{N}{2}$,则必有

$$p \mid (x_1 - x_2), q \mid (x_1 + x_2)$$

或者

$$q \mid (x_1 - x_2), p \mid (x_1 + x_2)$$

不妨假设前者成立(后者成立情况类似),则

$$\left(\frac{x_1}{p}\right) = \left(\frac{x_2}{p}\right), \left(\frac{x_1}{q}\right) = -\left(\frac{x_2}{q}\right)$$

所以

$$\left(\frac{x_1}{N}\right) = \left(\frac{x_1}{p}\right)\left(\frac{x_1}{q}\right) = -\left(\frac{x_2}{p}\right)\left(\frac{x_2}{q}\right) = -\left(\frac{x_2}{N}\right)$$

而

$$\left(\frac{-x_1}{N}\right) = \left(\frac{-x_1}{p}\right)\left(\frac{-x_1}{q}\right) = \left(\frac{x_1}{N}\right)$$

$$\left(\frac{-x_2}{N}\right) = \left(\frac{-x_2}{p}\right)\left(\frac{-x_2}{q}\right) = \left(\frac{x_2}{N}\right)$$

故命题得证.

注 Rabin[1]首先提出了基于二次剩余的公钥加密方案. 但是在他的方案中,一个密文可以对应四个明文,如果明文没有意义,将无法唯一确定. Williams[2]对其方案进行了改进:设解密者的私钥为 p, q,公钥为 $N = pq$,需要加密的明文为整数 m,且 $\left(\dfrac{m}{N}\right) = 1$, $0 < m < \dfrac{N}{2}$. 加密时,可以用公式

$$c = m^2 \,(\bmod\ N)$$

算出密文;解密时,只要求出方程

$$x^2 \equiv c\,(\bmod\ N)$$

四个根,并找出其中唯一一个处于 0 到 $\dfrac{N}{2}$ 之间且 $\left(\dfrac{x}{N}\right) = 1$ 的解即可. 20 世纪 90 年代初,曹珍富通过加标识位的方法给出了明文不做任何限制的加密方案,这个方法还用来设计基于二次剩余的签名方案(参看 36 题的评注).

[1] RABIN M O. Digitalized Signature and Public Key Functions as Intractable as Factorization, Technical Memo, TM – 212, Laboratory for Computer Science, Massachusetts Inst. of Technology, 1979.

[2] WILLIAMS H C. A Modification of the RSA Public Key Encryption Procedure [J]. IEEE Trans. on Info. Theory, 1980, 26(6).

36. 设 $N = pq$ 是两个不同素数的乘积,如果 a 是模 N 的二次剩余,证明

$$r = a^{\frac{N - p - q + 5}{8}}\,(\bmod\ N)$$

是 $x^2 \equiv a\,(\bmod\ N)$ 的一个根.

证　可以直接验证.

$$r^2 = \left(a^{\frac{N - p - q + 5}{8}}\right)^2 \equiv a^{\frac{N - p - q + 5}{4}} \equiv a^{\frac{(p-1)(q-1)}{4}} \cdot a\,(\bmod\ N)$$

所以需要证明的是 $a^{\frac{(p-1)(q-1)}{4}} \equiv 1\,(\bmod\ N)$. 由于 a 是模 N 的二次剩余,设 $b^2 \equiv a\,(\bmod\ N)$,所以有

$$a^{\frac{(p-1)(q-1)}{4}} \equiv b^{\frac{(p-1)(q-1)}{2}} \equiv \left(b^{p-1}\right)^{\frac{q-1}{2}} \equiv 1\,(\bmod\ p)$$

和

$$a^{\frac{(p-1)(q-1)}{4}} \equiv b^{\frac{(p-1)(q-1)}{2}} \equiv (b^{q-1})^{\frac{p-1}{2}} \equiv 1 \pmod{q}$$

从而可知

$$a^{\frac{(p-1)(q-1)}{4}} \equiv 1 \pmod{N}$$

即 r 是 $x^2 \equiv a \pmod{N}$ 的根.

注 本题的结论可用于构造二次剩余签名. 设签名方案中的私钥为 p, q，公钥为 $N = pq$. 如果 m 是需要签名的消息，则要求 m 是模 N 的二次剩余. 签名时，用公式

$$s = m^{\frac{N-p-q+5}{8}} \pmod{N}$$

计算出 s 作为 m 的签名，任何人可以通过验证 $s^2 \equiv m \pmod{N}$ 是否成立来验证 s 是否为合法签名.

这个签名方案并不能对所有消息 m 进行签名. 20 世纪 90 年代，曹珍富给出了对所有消息的签名方案，叙述如下：

设签名方案中的私钥为 p, q，满足 $p \equiv q \equiv 3 \pmod{4}$，公钥为 $N(= pq)$, a 和 $H(\cdot)$，这里 a 满足 $\left(\frac{a}{N}\right) = -1$, $H(\cdot)$ 表示 Hash 函数. 如果 m 是需要签名的消息，则首先计算 $H(m)$，并令

$$c = \begin{cases} 0, & \text{当} \left(\frac{H(m)}{N}\right) = 1 \\ 1, & \text{当} \left(\frac{H(m)}{N}\right) = -1 \end{cases}$$

$$c_1 = \begin{cases} 0, & \text{当 } a^c H(m) \text{ 是模 } N \text{ 的二次剩余} \\ 1, & \text{当 } a^c H(m) \text{ 是模 } N \text{ 的非二次剩余} \end{cases}$$

从而得到

$$(-1)^{c_1} a^c H(m)$$

是模 N 的二次剩余. 所以, 签名时, 用公式

$$s = ((-1)^{c_1} a^c H(m))^{\frac{N-p-q+5}{8}} (\bmod N)$$

计算出 s, 然后将 (s , c , c_1) 作为 m 的签名, 任何人可以通过验证 $s^2 \equiv (-1)^{c_1} a^c H(m) (\bmod N)$ 是否成立来验证 (s , c , c_1) 是否为 m 的合法签名.

后来, 董晓蕾等人给出了这个签名方案的安全性证明 (参见文献 [1]).

[1] DONG Xiaolei, LU Rongxing, CAO Zhenfu. Proofs of security for improved Rabin signature scheme [J]. Journal of Shanghai Jiaotong University (Science), 2006, 11(2):197 - 199.

37. 设素数 $p \equiv \pm 1 (\bmod 12)$ 或 $p \equiv 5 (\bmod 24)$, 证明: 同余式 $x^6 - 3x^4 + 9x^2 - 27 \equiv 0 (\bmod p)$ 有解.

证 由于

$$x^6 - 3x^4 + 9x^2 - 27 \equiv (x^4 + 9) (x^2 - 3) (\bmod p)$$

当 $p \equiv \pm 1 (\bmod 12)$ 时, 由二次互反律, 有

$$\left(\frac{3}{p} \right) = (-1)^{\frac{p-1}{2}} \left(\frac{p}{3} \right)$$

所以, 当 $p \equiv 1 (\bmod 12)$ 时, 有

$$\left(\frac{3}{p} \right) = (-1)^{\frac{p-1}{2}} \left(\frac{p}{3} \right) = \left(\frac{1}{3} \right) = 1$$

当 $p \equiv -1 (\bmod 12)$ 时, 有

$$\left(\frac{3}{p} \right) = (-1)^{\frac{p-1}{2}} \left(\frac{p}{3} \right) = -\left(\frac{-1}{3} \right) = 1$$

即 3 是模 p 的二次剩余. 因此可找到 x, 使得

$$x^2 - 3 \equiv 0 (\bmod p)$$

成立,即 $x^2 - 3 \equiv 0 \pmod{p}$ 有解.

当 $p \equiv 5 \pmod{24}$ 时,易知

$$\left(\frac{-9}{p}\right) = (-1)^{\frac{p-1}{2}}\left(\frac{9}{p}\right) = 1$$

故有 y 存在,使得

$$y^2 + 9 \equiv 0 \pmod{p} \tag{1}$$

下面证明有 x 存在使得 $x^2 \equiv y \pmod{p}$,代入式(1)即知 $x^4 + 9 \equiv 0 \pmod{p}$ 有解. 所以只需要证明 $\left(\dfrac{y}{p}\right) = 1$,证明如下

$$\left(\frac{y}{p}\right) \equiv y^{\frac{p-1}{2}} \equiv (y^2)^{\frac{p-1}{4}} \equiv (-9)^{\frac{p-1}{4}}$$

$$\equiv (-1)^{\frac{p-1}{4}}(3^2)^{\frac{p-1}{4}} \equiv -3^{\frac{p-1}{2}} \equiv -\left(\frac{3}{p}\right)$$

$$\equiv -\left(\frac{p}{3}\right) \equiv 1 \pmod{p}$$

38. 如果 $2^a + 1$ 是素数,证明:$2^a - 1$ 至少有 $\log_2 a$ 个不同的素因子.

证 若 a 有一个奇素数因子 p,假设 $a = pq$,由于

$$2^a + 1 = (2^q)^p + 1$$
$$= (2^q + 1)((2^q)^{p-1} + \cdots + (-1)^{p-1})$$

可知

$$(2^q + 1) \mid (2^a + 1)$$

这与 $2^a + 1$ 是个素数矛盾,所以 a 不可能有奇素数因子,不妨将 a 记为 2^k.

令 $F_i = 2^{2^i} + 1$,有

$$2^a - 1 = 2^{2^k} - 1 = F_0 \cdot F_1 \cdot F_2 \cdot \cdots \cdot F_{k-1}$$

这可以由对 k 作归纳法,或者套用公式

$$2^{2^n} - 1 = \left(2^{2^{n-1}} - 1\right)\left(2^{2^{n-1}} + 1\right)$$

得到.

进一步,可知 $i < j$ 时,$(F_i, F_j) = 1$. 这是因为

$$F_j - 2 = 2^{2^j} - 1 = F_0 \cdot F_1 \cdot F_2 \cdot \cdots \cdot F_{j-1}$$

所以

$$
\begin{aligned}
(F_i, F_j) &= (F_i, F_0 \cdot F_1 \cdot \cdots \cdot F_{j-1} + 2) \\
&= (F_i, 2) = 1
\end{aligned}
$$

由 $(F_i, F_j) = 1 (i \neq j)$ 即知 $F_0, F_1, \cdots, F_{k-1}$ 各至少有一个不同的素因子,则 $2^{2^k} - 1$ 至少有 $k = \log_2 a$ 个不同的素因子. 证毕.

注　利用本题的结论可以证明素数有无穷多个.

39. 对于任意奇素数 p,证明:形如 $2pk + 1$ 的素数有无穷多个(k 为自然数).

证　首先证明一个引理:如果有奇素数 $q \mid (a^p - 1)$,且 $q \nmid (a-1)$,$a > 1$,则 q 必为 $2pk + 1$ 的形式.

引理的证明:由 $a^p \equiv 1 \pmod{q}$ 以及 $a \not\equiv 1 \pmod{q}$ 可知 p 是 a 模 q 的阶,所以 $p \mid (q-1)$,又 q 是奇数,所以 $2p \mid (q-1)$,引理得证.

在引理的证明中,令 $a = 2$,我们至少可以得到一个形如 $2pk + 1$ 的素数. 最后,用反证法证明这样的素数有无穷多个. 假设形如 $2pk + 1$ 的素数只有有限个,不妨设只有 s 个,并记所有形如 $2pk + 1$ 的素数为 q_1,$q_2, \cdots, q_s$. 令 $a = q_1 q_2 \cdots q_s + 1$,考察 $\dfrac{a^p - 1}{a - 1}$. 令 q' 是 $\dfrac{a^p - 1}{a - 1}$ 的一个素因子,$q_1, q_2, \cdots, q_s$ 都不能除尽 $\dfrac{a^p - 1}{a - 1}$,那么

$$q' \ne q_1, q_2, \cdots, q_s$$

从而可知，q' 不能是 $a-1$ 的因数．于是根据引理可知，q' 一定是一个 $2pk+1$ 型的素数，即 q' 是一个不同于 $q_1, q_2, \cdots, q_s$ 的 $2pk+1$ 型的素数，这与假设矛盾．故 $2pk+1$ 型的素数有无穷多个．

40. 对于任给的正整数 r，试找出无穷多对 $n > 1, m > 1$，使得 $n \mid m$ 和 $n^r \mid \varphi(m)$ 同时成立．

证 取一个大于 1 的奇数 a，取 n 是 2 的幂，设 $n = 2^t$，t 为任意正整数，令 $m = a^{n^r} - 1$．则我们来证明这样的 n 和 m 满足题目的要求．

首先证明 $n^r \mid \varphi(m)$．令 $n^r = s$，因为

$$a^s \equiv 1 (\bmod (a^s - 1))$$

所以

$$s = \operatorname{ord}_{a^s - 1}(a)$$

而由欧拉定理可知

$$a^{\varphi(a^s - 1)} \equiv 1 (\bmod (a^s - 1))$$

所以 $s \mid \varphi(a^s - 1)$，即 $n^r \mid \varphi(m)$．

其次对 t 使用归纳法来证明 $n \mid m$. 当 $t = 1$ 时，因为 a 是奇数，所以 $2^1 \mid (a^{2^r} - 1)$．假设当 $t = k$ 时，$2^k \mid (a^{2^{kr}} - 1)$ 成立，则当 $t = k+1$ 时，有

$$a^{2^{(k+1)r}} - 1 = (a^{2^{kr}} - 1)(a^{2^{kr}} + 1) \cdot$$
$$((a^{2^{kr}})^2 + 1) \cdots ((a^{2^{kr}})^{2^{r-1}} + 1)$$

由归纳假设可知

$$2^k \mid (a^{2^{kr}} - 1)$$

而

$$2 \mid (a^{2^{kr}} + 1)((a^{2^{kr}})^2 + 1) \cdots ((a^{2^{kr}})^{2^{r-1}} + 1)$$

所以

$$2^{k+1} \mid (a^{2^{(k+1)r}} - 1)$$

注　39 题证明了 Dirichlet 关于等差级数 $\{an+b\}$（其中 a,b 是给定的互素的正整数）存在无穷多个素数定理的特例. 40 题如果使用 Dirichlet 定理, 可以证明对任意 $n>1$, 都存在无穷多个 m, 使得 $n \mid \varphi(m)$ 且 $n^r \mid m$. 但是 Dirichlet 定理本身的证明已经超出了初等数论的范围. 此外, 如果利用 39 题的结论, 也可以给出 40 题的一个证明. 读者可自行完成.

41. 求出满足方程 $(p-1)!+1=pk^2$ 的全部正整数解 (p,k).

证　当 $p \leqslant 4$ 时, 方程有解 $(p,k)=(2,1)$ 和 $(3,1)$. 当 $p>4$ 时, 可以使用二次剩余的方法证明原方程无解.

1) 先证明 p 是一个 $8n+1$ 型的素数. 对原方程两边取模 p, 有

$$(p-1)! \equiv -1 \pmod{p}$$

若 p 是合数, 应该有 $p \mid (p-1)!$, 矛盾. 于是, p 一定是素数. 其次, $(p-1)!+1$ 是一个 $8n+1$ 型的奇数, 而 k 是奇数, 所以 k^2 也是 $8n+1$ 型的奇数, 从而原方程给出 p 是一个 $8n+1$ 型的素数.

2) 再证明从 1 到 $p-1$ 之间, 存在一个奇数 q, 是模 p 的二次非剩余. 反证法, 假设这样的 q 不存在, 即所有 1 到 $p-1$ 的奇数都是 p 的二次剩余, 那么所有 1 到 $p-1$ 的偶数都是 p 的二次非剩余, 但由于 p 是一个 $8n+1$ 型的素数, 则说明 2 是模 p 的二次剩余, 从而引出矛盾, 即 q 总是存在的.

3) 因为 p 是一个 $8n+1$ 型的素数, 所以

$$\left(\frac{p}{q}\right) = \left(\frac{q}{p}\right)$$

将原方程两边同乘 p,得

$$p! + p = (pk)^2$$

假设原方程有解,那么取模 q,得

$$1 = \left(\frac{(pk)^2}{q}\right) = \left(\frac{p!+p}{q}\right) = \left(\frac{p}{q}\right) = \left(\frac{q}{p}\right) = -1$$

矛盾,所以当 $p > 4$ 时,原方程无解.

注 当 p 为素数时,$\dfrac{(p-1)!+1}{p}$ 是正整数序列. 研究正整数序列中的平方数问题是数论中的重要课题. 41 题回答了这类正整数序列中仅有 1 为平方数. 其方法是巧妙利用了二次剩余. 二次剩余法是利用初等方法解丢番图方程的有力手段之一. 这种方法的主要手段就是对原方程两边同时取一个奇数模,再利用 Jacobi 符号来制造矛盾,从而推出原方程无解. 这个方法在前面的 1、16、17 题均有巧妙应用,本题是又一个例子.

42. 记 a 模 b 的最小非负剩余为 $<a>_b$. 如果已知 N,$<x^e>_N$,$<x^a>_N$,e 和 a,且 $(e,a)=1$,可以求得 $<x>_N$ 吗?

解 可以. 由 $(e,a)=1$,根据辗转相除法,可以算出 $k_1, k_2 \in \mathbf{Z}$,使得 $k_1 e + k_2 a = 1$. 于是有

$$x \equiv x^{k_1 e + k_2 a} \equiv (x^e)^{k_1}(x^a)^{k_2} \pmod{N}$$

所以

$$<x>_N = <(x^e)^{k_1}(x^a)^{k_2}>_N$$

注 由本题的结论,可以得到一种针对 RSA 广播加密方案的攻击方法——共模攻击. 如果在 RSA 广

播加密方案中,多个用户使用不同的公私钥 e, d,但使用同一个模 N,那么攻击者一旦同时截获了两个用户的密文,利用本题的结论就可以直接得到明文. 所以,如果要利用 RSA 函数来构造广播加密方案,那么不同的用户一定要使用不同的模.

43. 设 $(x, y) = 1$,证明
$$(x^a - y^a, x^b - y^b) = x^{(a,b)} - y^{(a,b)}$$

证　根据恒等式
$$x^a - y^a - x^{a-b}(x^b - y^b) = y^b(x^{a-b} - y^{a-b})$$
可以推出
$$(x^a - y^a, x^b - y^b) \mid y^b(x^{a-b} - y^{a-b})$$
而 y 是与 $x^a - y^a$ 互素的,y^b 也与 $x^a - y^a$ 互素,所以
$$(x^a - y^a, x^b - y^b) \mid (x^{a-b} - y^{a-b})$$
于是得到一个引理
$$(x^a - y^a, x^b - y^b) = (x^b - y^b, x^{a-b} - y^{a-b})$$
利用这个结论,不难使用归纳法证明原命题成立. 不妨设 $a \geqslant b \geqslant 1$,对 a 使用归纳法,假设 $a = k - 1$ 时命题对所有 b 成立,则 $a = k$ 时,有
$$\begin{aligned}
(x^k - y^k, x^b - y^b) &= (x^b - y^b, x^{k-b} - y^{k-b}) \\
&= x^{(k-b, b)} - y^{(k-b, b)} \\
&= x^{(k, b)} - y^{(k, b)}
\end{aligned}$$
上式第二个等号之所以成立是因为归纳假设,故 $a = k$ 时命题也成立,原命题得证.

44. 证明丢番图方程
$$(x + 2)^{2m} = x^n + 2$$
无正整数解 x, m, n.

证　x 必须是奇数,若是偶数,则方程两边对模 4

不同余. n 需要大于 1, 而且必须是奇数, 否则原方程左边模 4 余 1, 右边模 4 余 3, 也会出现矛盾.

将原方程改写为

$$(x+2)^{2m} - 1 = x^n + 1 \qquad (1)$$

通过比较上式两端 2 的幂次来说明原方程无解. 思路如下: 记 $t = \mathrm{pot}_2(x+1)$, 可以证明 $\mathrm{pot}_2(x^n+1) = t$, 而式 (1) 左边部分有 $\mathrm{pot}_2((x+2)^{2m}-1) > t$, 从而出现矛盾.

先证明 $\mathrm{pot}_2(x^n+1) = t$. 由 $t = \mathrm{pot}_2(x+1)$, 可将 x 写成

$$x = 2^t y - 1$$

其中 y 是一个奇数, 则

$$
\begin{aligned}
x^n + 1 &\equiv (2^t y - 1)^n + 1 \\
&\equiv \binom{n}{0}(2^t y)^n + \cdots + \binom{n}{n-1}(2^t y)^1 (-1)^{n-1} + \\
&\quad \binom{n}{n}(2^t y)^0 (-1)^n + 1 \\
&\equiv n 2^t y (-1)^{n-1} + (-1)^n + 1 \pmod{2^{t+1}} \\
&\equiv 2^t \pmod{2^{t+1}}
\end{aligned}
$$

上式中最后一个同余号成立是因为 n 是一个奇数.

再说明 $\mathrm{pot}_2((x+2)^{2m}-1) > t$. 注意

$$
\begin{aligned}
(x+2)^{2m} - 1 = (x+2-1)((x+2)^{2m-1} + \\
(x+2)^{2m-2} + \cdots + (x+2) + 1)
\end{aligned}
$$

右式中后半部分是 $2m$ 个奇数相加, 结果是个偶数, $x+1$ 本身含有因子 2^t, 所以式 (1) 左边部分 2 的幂次大于 t.

这就证明原方程无解.

注　本题使用比较幂次法来证明丢番图方程无解. 在丢番图方程的研究中, 比较幂次法是常见的一种方法. 譬如, 要证明 $\sqrt{2}$ 是无理数, 就是利用最简单的比较幂次思想: 设 $\sqrt{2} = \dfrac{x}{y}, (x,y) = 1, 2y^2 = x^2$, 然后利用了两边的奇偶性不一致来制造矛盾. 本题则是比较了原方程两边对 2 的幂次, 从而制造了矛盾.

45. 设 p 和 q 都是素数, 证明丢番图方程

$$q^m = p^n + 2 \tag{1}$$

当 $q = p + 2$ 时, 仅有正整数解 $m = n = 1$.

证　除了 $m = n = 1$ 之外, 可以设 $m > 1, n > 1$.

如果 n 是偶数, 当 $p = 3, q = 5$ 时, 对原方程两边模 5, 得到

$$0 \equiv (-2)^n + 2 \equiv (-1)^{\frac{n}{2}} + 2 \equiv 3 \text{ 或 } 1 \pmod 5$$

矛盾. 当 $p > 3$ 时, 有 $3 \mid (p^n + 2)$, 于是 $3 \mid q$, 矛盾.

如果 n 是奇数, m 是偶数, 根据 44 题的结论, 原方程无解. 所以, m 和 n 都只能是奇数.

设 m 和 n 都是奇数, 如果原方程有解, 则有

$$\left(\frac{q^m + p^n}{2} \right)^2 - pq \left(q^{\frac{m-1}{2}} p^{\frac{n-1}{2}} \right)^2 = 1$$

易知 Pell 方程 $x^2 - pqy^2 = 1$ 的基本解是

$$\varepsilon = p + 1 + \sqrt{pq}$$

令 $\bar{\varepsilon} = p + 1 - \sqrt{pq}$, 上式给出

$$q^{\frac{m-1}{2}} p^{\frac{n-1}{2}} = \frac{\varepsilon^t - \bar{\varepsilon}^t}{\varepsilon - \bar{\varepsilon}}$$

其中 $t > 0$. 当 t 为偶数时, $\dfrac{\varepsilon^t - \bar{\varepsilon}^t}{\varepsilon - \bar{\varepsilon}}$ 也是偶数, 矛盾. 所

以 t 是奇数. 于是

$$\frac{\varepsilon^t - \bar{\varepsilon}^t}{\varepsilon - \bar{\varepsilon}} = \binom{t}{1}(p+1)^{t-1} +$$

$$\binom{t}{3}(p+1)^{t-3}(\sqrt{pq})^2 + \cdots +$$

$$\binom{t}{t-2}(p+1)^2(\sqrt{pq})^{t-3} + (\sqrt{pq})^{t-1}$$

展开式中, 除了第一项, 其余各项均能被 pq 整除, 于是

$$q^{\frac{m-1}{2}}p^{\frac{n-1}{2}} \equiv \frac{\varepsilon^t - \bar{\varepsilon}^t}{\varepsilon - \bar{\varepsilon}} \equiv t (\bmod pq)$$

从 $m > 1, n > 1$, 得 $t \equiv 0 (\bmod pq)$. 设 $t = pqt_1$, 则

$$q^{\frac{m-1}{2}}p^{\frac{n-1}{2}} = \frac{(\varepsilon^{pt_1})^q - (\bar{\varepsilon}^{pt_1})^q}{\varepsilon^{pt_1} - \bar{\varepsilon}^{pt_1}} \cdot \frac{\varepsilon^{pt_1} - \bar{\varepsilon}^{pt_1}}{\varepsilon - \bar{\varepsilon}}$$

记 $A = \dfrac{(\varepsilon^{pt_1})^q - (\bar{\varepsilon}^{pt_1})^q}{\varepsilon^{pt_1} - \bar{\varepsilon}^{pt_1}}$, 设 $\varepsilon^{pt_1} = u + v\sqrt{pq}$, 则

$$\bar{\varepsilon}^{pt_1} = u - v\sqrt{pq}$$

从而有

$$\frac{\varepsilon^{pt_1} - \bar{\varepsilon}^{pt_1}}{\varepsilon - \bar{\varepsilon}} = v$$

将 A 展开, 得

$$A = \frac{(\varepsilon^{pt_1})^q - (\bar{\varepsilon}^{pt_1})^q}{\varepsilon^{pt_1} - \bar{\varepsilon}^{pt_1}}$$

$$= \binom{q}{1}u^{p+1} + \binom{q}{3}u^{p-1}(v\sqrt{pq})^2 + \cdots +$$

$$\binom{q}{p}u^2(v\sqrt{pq})^{p-1} + (v\sqrt{pq})^{p+1}$$

可以观察得到以下四个结论:

1) $A > \binom{q}{1}u^{p+1} \geqslant q$.

2) $q \mid A$.

3) $q^2 \nmid A$. 这是因为 $A \equiv \dbinom{q}{1} u^{p+1} \pmod{q^2}$，而 u, v 是方程 $x^2 - pqy^2 = 1$ 的解，故 $(u, q) = 1$.

4) $p \nmid A$. 这是因为 $A \equiv \dbinom{q}{1} u^{p+1} \equiv qu^{p+1} \pmod{p}$，又 $(u, p) = 1$.

由 $q^{\frac{m-1}{2}} p^{\frac{n-1}{2}} = Av$，可知 A 仅有可能的素因子为 q 和 p，由 4) 知 A 没有素因子 p，由 2) 和 3) 知 $A = q$，但这与 1) 的结论矛盾. 所以当 $m > 1, n > 1$ 时，原方程无解.

注 1967 年，Hall 问：不定方程 (1) 是否仅有解 $5^2 + 2 = 3^3$ 满足 $m > 1, n > 1$？（见 [1]）所以，方程 (1) 称为 Hall 方程，它是从组合数学的差集理论研究中提出来的. 1984 年，孙琦和周小明首先研究了 $q = p + 2$ 的情形，得到了部分结果 [2]. 1987 年，曹珍富巧妙地运用 Pell 方程的性质，完全解决了这一情形 [3]，即证明了在 $q = p + 2$ 时，方程 (1) 仅有正整数解 $m = n = 1$，其证明初等而简洁，本题的解答就是他的证明. 有关内容还可参阅 [4].

[1] HALL M, Jr. Combinatorial Theory [M]. Blaisdel, 1967.

[2] 孙琦, 周小明. 关于丢番图方程 $a^x + b^y = c^z$ [J]. 科学通报, 1984, 29(1): 61.

[3] 曹珍富. 关于 Hall 问题 [J]. 数学研究与评论, 1987, 7(3): 411 - 413.

[4] 曹珍富. 不定方程及其应用 [M]. 上海: 上海交通大学出版社, 2000.

46. 设 $N = p^l q$, p, q 都是素数, l 是正整数, 证明:
计算 $\varphi(N)$ 与分解 N 等价.

证 如果已知 N 的分解式 $N = p^l q$, 则易知

$$\varphi(N) = N\left(1 - \frac{1}{p}\right)\left(1 - \frac{1}{q}\right)$$

反之, 如果已知 $\varphi(N)$, 当 $l = 1$ 时, 有

$$\varphi(N) = (p-1)(q-1)$$

所以

$$pq = N, \ p + q = N - \varphi(N) + 1$$

两式联立即可解出 p, q. 当 $l > 1$ 时, 有

$$\frac{N}{(\varphi(N), N)} = \frac{pq}{((p-1)(q-1), pq)}$$

$$\frac{\varphi(N)}{(\varphi(N), N)} = \frac{(p-1)(q-1)}{((p-1)(q-1), pq)}$$

如果 $(pq, (p-1)(q-1)) = 1$, 那么令

$$N' = \frac{N}{(\varphi(N), N)} = pq$$

又

$$\varphi(N') = (p-1)(q-1) = \frac{\varphi(N)}{(\varphi(N), N)}$$

于是可以把 N 的分解归结到 N' 的分解, 而 N' 的分解
正是 $l = 1$ 的情况.

如果 $(pq, (p-1)(q-1)) > 1$, 必然有

$$q \mid (p-1) \ \text{或} \ p \mid (q-1)$$

假设 $q \mid (p-1)$, 则

$$(\varphi(N), N) = p^{l-1} q$$

从而可以算出 $p = \dfrac{N}{(\varphi(N), N)}$; 假设 $p \mid (q-1)$, 则

$$(\varphi(N), N) = p^l$$

从而可以算出 $q = \dfrac{N}{(\varphi(N), N)}$.

总之，可得 N 的分解.

注　本题由曹珍富提出，是在研究密码问题时的一个中间结果. 由上面的讨论，已知 $\varphi(N)$，可以得到一个统一的分解 N 的算法：

对给定的 N 和 $\varphi(N)$，首先计算 $N' = \dfrac{N}{(\varphi(N), N)}$，测试 N' 是否是一个素数.

a) 如果 N' 不是素数，令 $\varphi' = \dfrac{\varphi(N)}{(\varphi(N), N)}$，联立

$$pq = N'$$
$$p + q = N' - \varphi' + 1$$

即可解出 p, q.

b) 如果 N' 是素数，则 N' 必然等于 p 或 q. 用 N' 连续地去除 N，记 $a = \dfrac{N}{N'^{k}}$，其中 $N' \nmid a$. 测试 a 是否是素数：

ⅰ. 如果 a 是素数，一定有 $p = N', l = k, q = a$.

ⅱ. 如果 a 不是素数，一定有 $a = p^{l}, q = N'$. 计算 $\dfrac{\varphi(N)}{q-1} = p^{l} - p^{l-1} = a - p^{l-1}$，所以 $p = \dfrac{a}{a - \dfrac{\varphi(N)}{q-1}}$.

47. 设 $N = pq, p = 2p' + 1, q = 2q' + 1$，其中 p, p', q, q' 都是素数. 证明：计算 $\operatorname{ord}_N(2)$ 与分解 N 等价.

证　如果已知 $\operatorname{ord}_N(2)$，注意到 $\varphi(N) = 4p'q'$，而 $\operatorname{ord}_N(2) \mid \varphi(N)$，所以 $\operatorname{ord}_N(2)$ 必然是以下数字中的一个

$$p', q', 2p', 2q', 4p', 4q', p'q', 2p'q', 4p'q'$$

可先假设 $\mathrm{ord}_N(2)$ 是 $p',q',2p',2q',4p',4q'$ 中的一个，然后尝试分解 N. 如果失败了，再假设 $\mathrm{ord}_N(2)$ 是 $p'q'$，$2p'q',4p'q'$ 中的一个，则

$$\varphi(N) = \mathrm{ord}_N(2), \frac{1}{2}\mathrm{ord}_N(2), \frac{1}{4}\mathrm{ord}_N(2)$$

已知 $\varphi(N)$ 即可分解 N.

如果已知 p,q，注意

$$\mathrm{ord}_N(2) = \left[\mathrm{ord}_p(2), \mathrm{ord}_q(2)\right]$$

而 $\mathrm{ord}_p(2) = p'$ 或 $2p'$，$\mathrm{ord}_q(2) = q'$ 或 $2q'$，确定 $\mathrm{ord}_p(2)$ 和 $\mathrm{ord}_q(2)$ 之后即可得知 $\mathrm{ord}_N(2)$.

注 满足题设的 p,q 在密码学研究中被称为安全素数，因为这种素数构造的若干密码方案不易被攻破. 但是在量子计算机的模型下，$\mathrm{ord}_N(2)$ 是容易计算的，于是使用这类素数构造的密码方案也能被攻破. 本题的结论首先出现在文献[1]中，上述证明与文献[1]略有不同.

[1] LIU Lihua，CAO Zhengjun. On computing $\mathrm{ord}_N(2)$ and its application [J]. Inf. Compute, 2006, 204(7):1173 – 1178.

48. 若正整数 a,b,c,d 满足

$$(a,b) = (c,d) = 1$$

且

$$\left|\frac{a}{b} - \frac{c}{d}\right| < \frac{1}{2d^2}$$

则称 $\frac{c}{d}$ 是 $\frac{a}{b}$ 的一个渐近分数. 证明：如果

$$\frac{a}{b} = q_0 + \cfrac{1}{q_1 + \cfrac{1}{q_2 + \cfrac{\cdots}{q_{n-1} + \cfrac{1}{q_n}}}}$$

其中 $q_n > 1$，那么形如

$$q_0 + \cfrac{1}{q_1 + \cfrac{1}{q_2 + \cfrac{\cdots}{q_{k-1} + \cfrac{1}{q_k}}}}$$

的分数 $\dfrac{c}{d}$ 都是 $\dfrac{a}{b}$ 的渐近分数，其中 $k \leqslant n.$

证 不妨设 $b > d$，不然，从 $\left| \dfrac{a}{b} - \dfrac{c}{d} \right| < \dfrac{1}{2d^2}$ 说明

$|ad - bc| < \dfrac{b}{2d} \leqslant \dfrac{1}{2}$，即 $ad = bc$，易证结论.

反证法．假设 $\dfrac{c}{d}$ 不是 $\dfrac{a}{b}$ 的渐近分数，那么必然存

在两个 $\dfrac{a}{b}$ 的渐近分数

$$\frac{x_k}{y_k} = q_0 + \cfrac{1}{q_1 + \cfrac{1}{q_2 + \cfrac{\cdots}{q_{k-1} + \cfrac{1}{q_k}}}}$$

以及

$$\frac{x_{k+1}}{y_{k+1}} = q_0 + \cfrac{1}{q_2 + \cfrac{\cdots}{q_k + \cfrac{1}{q_{k+1}}}}$$

满足 $y_k < d < y_{k+1}$（这是容易得到的，因为 $y_0 = 1$，$y_n = b$，而且对任意两个相邻的 y_k 和 y_{k+1}，都有 $y_k < y_{k+1}$）．注意

$$\frac{1}{2d^2} > \left| \frac{a}{b} - \frac{c}{d} \right| = \left| \frac{c}{d} - \frac{x_k}{y_k} \right| - \left| \frac{x_k}{y_k} - \frac{a}{b} \right|$$

$$\geqslant \left| \frac{c}{d} - \frac{x_k}{y_k} \right| - \left| \frac{x_{k+1}}{y_{k+1}} - \frac{x_k}{y_k} \right|$$

最后一个不等式之所以成立是因为 $\dfrac{x_k}{y_k} > \dfrac{a}{b} > \dfrac{x_{k+1}}{y_{k+1}}$ 或

$\dfrac{x_k}{y_k} < \dfrac{a}{b} < \dfrac{x_{k+1}}{y_{k+1}}$ 必有一个成立（验证留给读者）．而

$\left| \dfrac{c}{d} - \dfrac{x_k}{y_k} \right| \geqslant \dfrac{1}{dy_k}$（因为 $\dfrac{c}{d} \neq \dfrac{x_k}{y_k}$），$\left| \dfrac{x_{k+1}}{y_{k+1}} - \dfrac{x_k}{y_k} \right| = \dfrac{1}{y_k y_{k+1}}$（验证留给读者），所以

$$\frac{1}{2d^2} > \frac{1}{dy_k} - \frac{1}{y_k y_{k+1}}$$

即

$$\frac{1}{2} > \frac{d}{y_k}\left(1 - \frac{d}{y_{k+1}}\right) > 1 - \frac{d}{y_{k+1}}$$

后者成立是因为 $y_k < d$．故 $d > \dfrac{1}{2} y_{k+1}$．

不妨设 $\dfrac{x_k}{y_k} < \dfrac{x_{k+1}}{y_{k+1}}$，按 $\dfrac{c}{d}$ 和它们之间的大小关系讨论：

1）$\dfrac{c}{d} < \dfrac{x_k}{y_k}$．此时 $\dfrac{1}{dy_k} \leqslant \left| \dfrac{c}{d} - \dfrac{x_k}{y_k} \right| \leqslant \left| \dfrac{a}{b} - \dfrac{c}{d} \right| \leqslant$

$\dfrac{1}{2d^2}$，即 $y_k \geqslant 2d > y_{k+1}$，矛盾；

2）$\dfrac{c}{d} > \dfrac{x_{k+1}}{y_{k+1}}$. 此时 $\dfrac{1}{dy_{k+1}} \leqslant \left| \dfrac{c}{d} - \dfrac{x_{k+1}}{y_{k+1}} \right| \leqslant$

$\left| \dfrac{a}{b} - \dfrac{c}{d} \right| \leqslant \dfrac{1}{2d^2}$，即 $y_{k+1} > 2d > y_{k+1}$，矛盾；

3）$\dfrac{x_k}{y_k} < \dfrac{c}{d} < \dfrac{x_{k+1}}{y_{k+1}}$. 此时 $\dfrac{1}{dy_k} \leqslant \left| \dfrac{c}{d} - \dfrac{x_k}{y_k} \right| \leqslant$

$\left| \dfrac{x_{k+1}}{y_{k+1}} - \dfrac{x_k}{y_k} \right| = \dfrac{1}{y_k y_{k+1}}$，即 $y_{k+1} < d$，矛盾.

综上所述，已用反证法证明了原命题成立.

注　如果将命题中的 $\dfrac{a}{b}$ 换成无理数，命题仍然成立.

49. 设 $N = pq, q < p < 2q, p$ 和 q 都是奇素数. 设正整数 $d < \dfrac{1}{3} N^{\frac{1}{4}}$，另外有正整数 e，满足

$$ed \equiv 1 \, (\mathrm{mod}\ \varphi(N))$$

如果只给定 N 和 e，不知道 N 的具体分解式，在 N 很大的情况下，能否快速求出 d？

解　回答是肯定的. 由 $ed \equiv 1 \, (\mathrm{mod}\ \varphi(N))$，说明存在一个整数 k，满足 $de = 1 - k\varphi(N)$，即

$$\dfrac{e}{\varphi(N)} - \dfrac{1}{d\varphi(N)} = \dfrac{k}{d}, (e, \varphi(N)) = (k, d) = 1$$

也就是

$$\dfrac{e}{\varphi(N)} - \dfrac{k}{d} = \dfrac{1}{d\varphi(N)}$$

上式说明 $\dfrac{k}{d}$ 是 $\dfrac{e}{\varphi(N)}$ 的一个较好的逼近，可尝试用 $\dfrac{e}{\varphi(N)}$ 的渐近分数求出 d，但问题是 $\varphi(N)$ 未知. 注意

到 N 和 $\varphi(N)$ 差距不大,下面考虑用 N 代替 $\varphi(N)$.

因为 $q < \sqrt{N}$,所以

$$N - \varphi(N) = p + q - 1 < 3\sqrt{N}$$

代入

$$\left| \frac{e}{N} - \frac{k}{d} \right| = \left| \frac{de - kN}{Nd} \right|$$

$$= \left| \frac{de - k\varphi(N) - kN + k\varphi(N)}{Nd} \right|$$

$$= \left| \frac{1 - kN + k\varphi(N)}{Nd} \right|$$

$$\leqslant \frac{3k\sqrt{N}}{Nd} = \frac{3k}{d\sqrt{N}}$$

因为 $e < \varphi(N)$,则

$$ke < k\varphi(N) = de - 1$$

说明 $k < d$,于是 $k < \frac{1}{3}N^{\frac{1}{4}}$,即

$$\left| \frac{e}{N} - \frac{k}{d} \right| \leqslant \frac{3k}{d\sqrt{N}} < \frac{1}{dN^{\frac{1}{4}}} < \frac{1}{2d^2}$$

这说明 $\frac{e}{N}$ 的渐近分数中,有一项就是 $\frac{k}{d}$. 于是对 N, e 作辗转相除求出 $\frac{e}{N}$ 的所有渐近分数,从而求出 d. 由于辗转相除最多在 $\log N$ 步内完成,所以求出 d 是非常快速的.

注 这是针对 RSA 公钥加密方案的一种重要攻击,俗称"小 d 攻击". 言下之意就是当 d 较小时,RSA 的解密密钥可以直接从公钥中求得,这是十分危险的. 它是 Wiener 在 1990 年提出的[1],这一结果给出

了初等数论中经典的连分数理论在公钥密码学中的一个应用. 防范的方法很简单:在生成公私钥对的时候, 先随机选取一个大小适当的 d, 然后根据 d 来确定公钥 e, 或依据 d,e 来选定 p,q, 这样就可以抵御小 d 攻击了. 有关内容还可看[2].

[1] WIENER M J. Cryptanalysis of short RSA secret exponents[J]. IEEE Transactions on Information Theory, 1990, 36(3): 553 – 558.

[2] 孙琦,彭国华,朱文余,等. 环 Z_n 上圆锥曲线 RSA 型公钥密码体系和抗小私钥 d 攻击[C]// 王小云,杨义先. 密码学进展——CHINA-CRYPT'2006. 北京:中国科学技术出版社.

50. 设 $m = p^2 q, n = up^2 + v$, 其中 p,q 是两个大素数, 且 $p > \dfrac{1}{4} q^{\frac{3}{2}}$. 另外有两个大整数 u,v, 满足

$$(q, up^2 + v) = (p, v) = (q, u) = 1, \quad v < \frac{1}{2} p^{\frac{1}{2}} q^{\frac{1}{4}}$$

现在只给定 m, n, 是否可以在不分解 m 的前提下, 算出 p, q, u, v?

解 可以.

由已知条件, 可推出以下不等式

$$\left| \frac{n}{m} - \frac{u}{q} \right| = \left| \frac{up^2 + v}{p^2 q} - \frac{u}{q} \right|$$

$$= \frac{v}{p^2 q} < \frac{\frac{1}{2} p^{\frac{1}{2}} q^{\frac{1}{4}}}{p^2 q} < \left(\frac{1}{2} \right) \frac{q^{\frac{1}{4}}}{\left(\frac{1}{4} q^{\frac{3}{2}} \right)^{\frac{3}{2}} q}$$

$$= \frac{1}{2q^2} \cdot \frac{8}{q} < \frac{1}{2q^2}$$

于是 $\frac{u}{q}$ 是 $\frac{n}{m}$ 的渐近分数,可用辗转相除法从 n, m 求出 q, u,进而求出 v, p.

注 利用大整数难以分解的特点探索新型加密方案是一个重要研究课题. 1989 年,杨义先等人[1]曾设计了一个加密方案如下:将题目中的 m, n 作为加密的公钥,将 p, q, u, v 作为解密的私钥. 设消息为 (x, y), x, y 均为整数,且 $n < x < n + \frac{1}{2} m^{\frac{1}{4}}$,加密如下: $c = nx^2 + my, c$ 为密文. 已知私钥的解密是容易的,这里不介绍了.

1990 年,李大兴等人[2]用辗转相除法给出了这个方案的破解. 后来,曹珍富给出了很简单的渐近分数破解方法,即本题给出的破解.

另外,条件 $(p, v) = (q, u) = 1$ 是本题添加上去的. 因为不然的话更加容易破解. 例如,如果 $p \mid v$,只要计算 (m, n) 即可获得 p,进而获得 q;再计算 $<n>_{p^2}$ 即可获得 v,进而获得 u,即可获得全部私钥. 如果 $q \mid u$,只要计算 $<n>_m$ 即可获得 v,由此对密文 c 取模 m 即可获得 x,因而获得 y,导致破解. 有关情况可参阅[3].

[1] 杨义先,李世群,罗群. 丢番图公钥密码体制[J]. 通信学报,1989,10(2):78-80.

[2] 李大兴,张泽增. 基于 Euclid 辗转相除法攻破一类公钥密码体制[J]. 科学通报,1990,35(11):871-874.

[3] 曹珍富. 公钥密码学 [M]. 哈尔滨: 黑龙江教育出版社, 1993.

51. 解答下列各题:

1) 设 p 是奇数, 证明: p 和 $p+2$ 同时为素数的充要条件是

$$4(p-1)! + 4 \equiv -p \pmod{p(p+2)}$$

2) 设 k 是一个大于 2 的偶数, 只用一个同余式, 写出一个当 $p > k$ 且为奇数时, p 和 $p+k$ 同时为素数的充要条件.

证 熟知, 由威尔逊定理可推出: 设 $p > 1$, 则 p 是素数的充要条件是

$$(p-1)! \equiv -1 \pmod{p}$$

下面的证明将多次用到这一结论.

1) 因为 $(p, p+2) = 1$, 则

$$4(p-1)! + 4 \equiv -p \pmod{p(p+2)}$$

当且仅当

$$4(p-1)! + 4 \equiv -p \pmod{p}$$
$$4(p-1)! + 4 \equiv -p \pmod{(p+2)}$$

同时成立时才会成立. 第一个式子可以推出

$$(p-1)! \equiv -1 \pmod{p}$$

这是 p 为素数的充要条件. 第二个式子可以推出

$$4(p-1)! + 2 \equiv 0 \pmod{(p+2)}$$
$$(-2)(-1)(p-1)! + 1 \equiv 0 \pmod{(p+2)}$$
$$(p+1)! \equiv -1 \pmod{(p+2)}$$

最后一式是 $p+2$ 为素数的充要条件. 所以原命题得证.

2) $p+k$ 是素数当且仅当

$$(p+k-1)! + 1 \equiv 0 (\mathrm{mod}(p+k))$$

即

$$k!(p-1)! + 1 \equiv 0 (\mathrm{mod}(p+k))$$

而 p 是素数当且仅当

$$k!(p-1)! + k! \equiv 0 (\mathrm{mod}\, p)$$

设有两个待定的系数为 μ 和 v，且要求 $(p+k) \nmid \mu$，$p \nmid \mu$. 则前式写成

$$\mu[k!(p-1)!+1] + v(p+k) \equiv 0(\mathrm{mod}(p+k))$$

后式写成

$$\mu[k!(p-1)!+k!] + vp \equiv 0(\mathrm{mod}\, p)$$

对照两式左边的系数，得

$$\mu + vk = \mu k!$$

所以取 $\mu = k, v = k! - 1$，即

$$k^2(k-1)!(p-1)! + k^2(k-1)!$$
$$\equiv (1-k!)p(\mathrm{mod}(p+k))$$
$$k^2(k-1)!(p-1)! + k^2(k-1)!$$
$$\equiv (1-k!)p(\mathrm{mod}\, p)$$

根据孙子定理，当 $p > k$ 时，p 和 $p+k$ 同时为素数的充要条件为

$$k^2(k-1)!(p-1)! + k^2(k-1)!$$
$$\equiv (1-k!)p(\mathrm{mod}\, p(p+k))$$

注 Clemant 在 1949 年首先提出了 1)，2)首先是由 Cong Lin 和 Li Zhipeng[1] 指出的.

[1] CONG Lin, LI Zhipeng. On Wilson's Theorem and Polignac Conjecture. http://arxiv. org.

52. 记 p_i 为第 i 个素数，$p_1 = 2, p_2 = 3, p_3 = 5, \cdots.$

再记

$$q_n = \prod_{i=1}^{n} p_i + 1$$

证明：

1）p_n 到 q_n 之间，必然有一个新的素数；

2）若 $n \geq 3$，则在 p_n 到 $\frac{1}{2} q_n$ 之间，至少有 $\lfloor \log_2(2n) \rfloor + 1$ 个素数.

证　1）对于 $j = 1, 2, \cdots, n$，都有

$$\prod_{i=1}^{n} p_i - 1 \equiv -1 \pmod{p_j}$$

于是 $\prod_{i=1}^{n} p_i - 1$ 不能被前 n 个素数整除，从而必然含有一个更大的素因子，或者本身就是一个素数.

2）$n \geq 5$ 时，容易证明

$$p_n > 2n$$

则对于 $1 \leq j \leq \lfloor \log_2(2n) \rfloor + 1$ 的每个 j，$\prod_{i=2}^{n} p_i - 2^j$ 都在 p_n 到 $\frac{1}{2} q_n$ 之间，它们两两互素，而且它们都大于 p_n，即

$$\prod_{i=2}^{n} p_i - 2^j > 3 p_n - 2^j > p_n$$

于是这 $\lfloor \log_2(2n) \rfloor + 1$ 个数 $\prod_{i=2}^{n} p_i - 2^j$，每个都含有一个不同的素因子，这些素因子又不是前 n 个素数，所以命题得证.

注　Euclid 关于素数无限性的证明告诉我们，第 $n+1$ 个素数一定在 p_n 到 $q_n + 1$ 之间. 但是，事实上第 $n+1$ 个素数远小于 q_n，在 p_n 到 q_n 之间还会存在有很多新的素数. 本题中的结论 2）就是一个估计. 但它也不是最好的估计，从素数定理出发可以得到更好的

(但素数定理本身并不初等). 读者还可以推广本题的结论,譬如设 p_i 为第 i 个形如 $4k+3$ 的素数,则在 p_n 到 $\prod_{i=1}^{n} p_i$ 之间,可以证明必然有 $\lfloor \log_2(4n-4) \rfloor + 1$ 个形如 $4k+3$ 的新素数. 本题选自文献[1].

[1] ALDAZ J M, BRAVO A. Euclid's Argument on the Infinitude of Primes[J]. The Amer. Math. Monthly, 2003, 110:141.

53. 证明:存在无穷多个正整数 n,使得 n^2+1 有一个素因子 $p > 2n + \sqrt{2n}$.

证 方法1:

$p \equiv 1 \pmod 4$ 时, -1 是 p 的二次剩余. 于是,存在一个 $1 < n < \dfrac{p}{2}$,使得 $n^2 \equiv -1 \pmod p$,即 $p \mid (n^2+1)$. 此时 $p > 2n$,接下来证明 $p > 2n + \sqrt{2n}$.

$$(p-2n)^2 \equiv p^2 - 4pn + 4n^2 \equiv -4 \pmod p$$

又 $(p-2n)^2 > 0$,所以

$$(p-2n)^2 \geqslant p-4$$
$$p \geqslant 2n + \sqrt{p-4}$$
$$\geqslant 2n + \sqrt{2n + \sqrt{p-4} - 4}$$
$$> 2n + \sqrt{2n}$$

因为 $p \mid (n^2+1)$,所以 $n > \sqrt{p-1}$. 由于 p 是任意选择的,所以对每个模 4 余 1 的素数,都有一个整数 n,使得 n^2+1 以 p 为因子,且 $p > 2n + \sqrt{2n}$.

方法2:

首先,任意取一个正整数 m,寻到 $(m!)^2+1$ 的一

个素因子 p ,即

$$(m!)^2 + 1 \equiv 0 \pmod{p}$$

设 n 是 $m!$ 模 p 的绝对最小剩余,也就是

$$n \equiv m! \pmod{p}$$

则

$$n^2 + 1 \equiv 0 \pmod{p}$$

不妨设 $0 < n < \dfrac{p}{2}$ (如果 $n < 0$,令 $n' = -n$,同样也有 $p \mid (n')^2 + 1$),和证法 1 类似,我们可以证明

$$p > 2n + \sqrt{2n}$$

且

$$p \mid (n^2 + 1)$$

又注意到, m 是任意选取的,且 $p \geqslant m$,所以存在无穷多个 p 和对应的 n 满足题目的条件.

注 有个著名的猜想[1]是说,数列 $\{n^2 + 1\}_{n \in \mathrm{N}}$ 中存在无穷多个素数,Hardy 等人还对这个数列中的素数个数猜想了一个估计公式. 可知,只要考虑 n 为偶数的情况即可. 如果 $p \mid (4k^2 + 1)$,则 $p \equiv 1 \pmod{4}$,所以只要考虑模 4 余 1 的素数就可以了. 这个猜想至今没有得到证明,本题是从这个猜想延伸出来的[2].

[1] HARDY G H,WRIGHT E M. An introduction to the theory of numbers[M].5th ed. USA:Oxford University Press,1980.

[2] 冯志刚. 初等数论[M]. 上海:上海科技教育出版社,2009.

54. 设 $\lfloor x \rfloor$ 为不超过 x 的最大整数, n 为任意自

然数,证明

$$\lfloor \sqrt{n} + \sqrt{n+1} \rfloor = \lfloor \sqrt{4n+1} \rfloor \qquad (1)$$

$$\lfloor \sqrt{n} + \sqrt{n+1} + \sqrt{n+2} \rfloor = \lfloor \sqrt{9n+8} \rfloor \qquad (2)$$

$$\lfloor \sqrt{n} + \sqrt{n+1} + \sqrt{n+2} + \sqrt{n+3} \rfloor = \lfloor \sqrt{16n+20} \rfloor \quad (3)$$

证　在证明过程中经常会用到不等式

$$\sqrt{x} + \sqrt{y} \leqslant \sqrt{2x+2y}$$

（1）首先

$$\sqrt{n} + \sqrt{n+1} < \sqrt{2n+2(n+1)} = \sqrt{4n+2}$$

其次

$$
\begin{aligned}
(\sqrt{n} + \sqrt{n+1})^2 &= 2n+1+2\sqrt{n(n+1)} \\
&> 2n+1+2n \\
&= 4n+1
\end{aligned}
$$

所以

$$\lfloor \sqrt{4n+1} \rfloor \leqslant \lfloor \sqrt{n} + \sqrt{n+1} \rfloor < \lfloor \sqrt{4n+2} \rfloor$$

故原命题成立.

（2）首先

$$
\begin{aligned}
\sqrt{n} + \sqrt{n+1} + \sqrt{n+2} &= (\sqrt{n} + \sqrt{n+2}) + \sqrt{n+1} \\
&< 3\sqrt{n+1} = \sqrt{9n+9}
\end{aligned}
$$

其次,我们希望

$$\sqrt{n} + \sqrt{n+2} \geqslant 2\sqrt{n+\frac{8}{9}}$$

将上式两边同时平方,有

$$(\sqrt{n} + \sqrt{n+2})^2 = 2n+2+2\sqrt{n(n+2)} \geqslant 4\left(n+\frac{8}{9}\right)$$

$$\sqrt{n(n+2)} \geqslant \left(n+\frac{7}{9}\right)$$

得 $n \geqslant \dfrac{49}{36}$. 而 $n = 1$ 的情况可直接验证,故

$$\sqrt{n} + \sqrt{n+2} \geqslant 2\sqrt{n + \dfrac{8}{9}}$$

总是成立,所以

$$\sqrt{n} + \sqrt{n+1} + \sqrt{n+2} = (\sqrt{n} + \sqrt{n+2}) + \sqrt{n+1}$$
$$\geqslant 2\sqrt{n + \dfrac{8}{9}} + \sqrt{n + \dfrac{8}{9}}$$
$$\geqslant 3\sqrt{n + \dfrac{8}{9}} = \sqrt{9n+8}$$

于是

$$\lfloor \sqrt{9n+8} \rfloor \leqslant \sqrt{n} + \sqrt{n+1} + \sqrt{n+2} < \lfloor \sqrt{9n+9} \rfloor$$

命题得证.

（3）首先

$$\sqrt{n} + \sqrt{n+1} + \sqrt{n+2} + \sqrt{n+3}$$
$$= (\sqrt{n} + \sqrt{n+3}) + (\sqrt{n+1} + \sqrt{n+2})$$
$$\leqslant \sqrt{2n + 2(n+3)} + \sqrt{2(n+1) + 2(n+2)}$$
$$= \sqrt{16n + 24}$$

其次

$$(\sqrt{n} + \sqrt{n+3})^2 \geqslant 2n + 3 + 2\sqrt{n(n+3)}$$
$$> 2n + 3 + 2(n+1) = 4n + 5$$
$$(\sqrt{n+1} + \sqrt{n+2})^2 \geqslant 2n + 3 + 2\sqrt{(n+1)(n+2)}$$
$$> 2n + 3 + 2(n+1) = 4n + 5$$

所以

$$\lfloor \sqrt{16n+20} \rfloor \leqslant \lfloor \sqrt{n} + \sqrt{n+1} + \sqrt{n+2} + \sqrt{n+3} \rfloor$$
$$\leqslant \lfloor \sqrt{16n+24} \rfloor$$

奇数 $16n+21$ 和 $16n+23$ 不可能是平方数,因为它们模 8 的余数不是 1;$16n+22$ 也不是平方数,因为它模 4 的余数不是 0;$16n+24 = 4(4n+6)$,因为 $4n+6$ 不是平方数,所以 $16n+24$ 也不是平方数. 因此从 $16n+21$ 到 $16n+24$ 没有出现新的平方数,于是

$$\lfloor \sqrt{16n+20} \rfloor = \lfloor \sqrt{16n+24} \rfloor$$

命题得证.

注 用更精细的不等式估计,可以证明

$$\lfloor \sqrt{n} + \sqrt{n+1} + \sqrt{n+2} + \sqrt{n+3} + \sqrt{n+4} \rfloor = \lfloor \sqrt{25n+49} \rfloor$$

$$\lfloor \sqrt{n} + \sqrt{n+1} + \sqrt{n+2} + \sqrt{n+3} + \sqrt{n+4} + \sqrt{n+5} \rfloor = \lfloor \sqrt{36n+89} \rfloor$$

这里,我们给出一个解决此类问题的一般方法. 记 $f(x) = \sqrt{x}$,由于 $f(x)$ 是严格凹的,所以有

$$\frac{f(x) + f(x+1) + \cdots + f(x+k)}{k+1} < f\left(x + \frac{k}{2}\right)$$

以及对于任意的 $\varepsilon \in \left(0, \frac{k}{2}\right)$ 和充分大的 x,都有

$$f\left(x + \frac{k}{2} - \varepsilon\right) \leqslant \frac{f(x) + f(x+1) + \cdots + f(x+k)}{k+1}$$

由此可以证明,对于任意正整数 k 和充分大的正整数 n,都有

$$\lfloor \sqrt{n} + \sqrt{n+1} + \cdots + \sqrt{n+k} \rfloor$$

$$= \left\lfloor \sqrt{k^2 n + k\frac{(k+1)^2}{2} - 1} \right\rfloor$$

而且类似的结论还可以从 $\sqrt{}$ 推广到 $\sqrt[3]{}$,$\sqrt[4]{}$,$\cdots$.

本题可参考文献 $[1]$.

［1］SALTZMAN PETER W，YUAN Pingzhi. On sums of consecutive integral roots［J］. The Amer. Math. Monthly，2008，115：254.

55. 1）证明：若 p 取遍所有素数，则

$$\prod_p \frac{1}{1 - \dfrac{1}{p}}$$

是发散的.

2）找出两个递增的自然数序列 a_i 和 b_i，满足

$$\lim_{n \to \infty} \frac{\varphi(a_n)}{a_n} = 1$$

且

$$\lim_{n \to \infty} \frac{\varphi(b_n)}{b_n} = 0$$

证　先证 1）. 由于

$$\frac{1}{1 - \dfrac{1}{p}} = 1 + \frac{1}{p} + \frac{1}{p^2} + \frac{1}{p^3} + \cdots$$

所以

$$\prod_p \frac{1}{1 - \dfrac{1}{p}} = \left(1 + \frac{1}{p_1} + \frac{1}{p_1^2} + \cdots\right)\left(1 + \frac{1}{p_2} + \frac{1}{p_2^2} + \cdots\right) \cdot$$

$$\left(1 + \frac{1}{p_3} + \frac{1}{p_3^2} + \cdots\right)\cdots$$

$$= \prod_{n=1}^{\infty} \frac{1}{n}$$

显然，$\prod\limits_{n=1}^{\infty} \dfrac{1}{n}$ 是发散的，所以原式也是发散的.

2）令 a_n 表示第 n 个素数，则

$$\varphi(a_n) = a_n - 1$$

所以

$$\lim_{n\to\infty}\frac{\varphi(a_n)}{a_n}=\lim_{n\to\infty}\frac{a_n-1}{a_n}=1$$

令 $b_n=\prod_{k=1}^{n}a_n$，则

$$\varphi(b_n)=b_n\prod_{k=1}^{n}\left(1-\frac{1}{a_k}\right)$$

所以

$$\lim_{n\to\infty}\frac{\varphi(b_n)}{b_n}=\lim_{n\to\infty}\prod_{k=1}^{n}\left(1-\frac{1}{a_k}\right)$$

$$=\prod_{p}\left(1-\frac{1}{p}\right)=0$$

上式中 p 表示取遍所有的素数，最后一个等式可以由第一问推得．

注 "素数是无限的"是数论中基本的性质之一．它的证明有很多种，其中最著名的是 Euclid 和 Euler 分别给出的证明．Euclid 的证明十分简洁，几乎所有的数论教科书均有介绍．55 题的 1) 介绍的是 Euler 的证明，这个证明虽然不那么直接，但与分析方法联系了起来，有着重要的意义．用类似的方法，1737 年，Euler 证明了 $\sum_{p}\frac{1}{p}=\infty$，这里 p 取遍所有的素数．Erdös 曾经猜想：如果无穷正整数序列 $a_1,a_2,\cdots$，满足

$$\sum_{j=1}^{\infty}\frac{1}{a_j}=\infty \tag{1}$$

则对任意给定的 k，可以找到 k 个数在以上序列里成等差级数（即在 $a_1,\cdots,a_n,\cdots$ 中存在任意长的等差级数）．2006 年，陶哲轩获得 Fields 奖，其主要工作之一是：在素数序列 $p_1,\cdots,p_n,\cdots$ 中，存在任意长的等差级

数. 由于素数序列 $p_1, \cdots, p_k, \cdots$, 满足(1), 故陶哲轩的工作证明了 Erdös 猜想的一部分.

此外, 2) 的结论告诉我们, $\varphi(n)$ 和 n 的比值是难以把握的.

56. $\pi(n)$ 表示为不超过 n 的素数个数. 熟知, 一个数如果是几个不同的素数的乘积, 则称这个数没有平方因子. 任意一个正整数 a, 必然可以唯一分解成 $b^2 c$, 其中 c 是一个没有平方因子的正整数, b 是一个正整数. 我们称这种分解为平方因子分解. 请借助于这些概念, 证明

$$\pi(n) \geqslant \frac{1}{2} \log_2 n$$

证　一个整数 a 的平方因子分解为 $a = b^2 c$, 如果 $a \leqslant n$, 那么 $b \leqslant \sqrt{n}$, 即 b 有 $\sqrt{n}$ 种不同的取法. 如果在 1 到 n 中有 $\pi(n)$ 个素数, 那么 c 有 $2^{\pi(n)}$ 种不同的取法, 这是因为 c 是由几个素数乘起来得到的. 1 到 n 中有 n 个不同的整数, 他们的平方因子分解式当然也都必须不同. 根据乘法原理, 有

$$n \leqslant \sqrt{n} \cdot 2^{\pi(n)}$$

所以

$$\pi(n) \geqslant \frac{1}{2} \log_2 n$$

注　56 题给出了 $\pi(n)$ 的一个下界, 也是 "素数无限" 的又一个证明. 但是, 这个下界太过粗略. 切比雪夫定理

$$\frac{1}{8} \frac{n}{\log n} \leqslant \pi(n) \leqslant 12 \frac{n}{\log n} (n \geqslant 2) \qquad (1)$$

是一个较为粗细的估计, 但无法由此推出著名的素数

定理,即

$$\lim_{x \to \infty} \frac{\pi(x)}{\dfrac{x}{\log x}} = 1 \qquad (2)$$

式(2)是 Gauss 于 1792 年提出的一个猜想. 利用 Riemann Zeta 函数理论,1896 年,Hadamard 和 Poussin 分别独立地完成了素数定理的证明.1949 年,Selberg 和 Erdös 各自独立地给出了素数定理的初等证明.

57. 讨论同余方程 $a^x \equiv 1 \pmod{x}$,其中 x 是未知数. 证明以下均为方程有解的必要条件:

1)$a = 2$ 时,$x = 1$;

2)$a = 3$ 和 $x > 1$ 时,x 必须是偶数;

3)x 的最小素因子 p 整除 $a - 1$;

4)x 与 a 互素;

5)如果 $a \not\equiv 1 \pmod{x}$,则 $(\varphi(x), x) > 1$.

证 1)$a = 2$ 时,若 $x > 1$,由于 $2^x \equiv 1 \pmod{x}$,所以 x 一定是奇数. 设 x 的最小素因子为 p. 注意,从原方程可以推出 $2^x \equiv 1 \pmod{p}$,即 $\mathrm{ord}_p(2) \mid x$,而 $\mathrm{ord}_p(2)$ 是一个大于 1 且小于 p 的数,这与 p 是最小素因子矛盾,故 $x = 1$.

2)同上,设 x 的最小素因子为 p,有 $\mathrm{ord}_p(3) \mid x$. 由 Fermat 小定理知

$$\mathrm{ord}_p(3) \mid (p - 1)$$

于是

$$\mathrm{ord}_p(3) \mid (x, p - 1)$$

由于 p 是 x 的最小素因子,所以

$$(x, p - 1) = 1$$

即

$$\mathrm{ord}_p(3) = 1$$

于是 $3 \equiv 1 (\bmod\ p)$，从而得到 $p = 2$，即 x 是偶数.

3）同上，有 $\operatorname{ord}_p(a) \mid x$. 同理推出 $\operatorname{ord}_p(a) = 1$，于是 $a \equiv 1 (\bmod\ p)$，即 $p \mid (a - 1)$.

4）设 $d = (a, x)$，不妨设 $x > 1$. 如果 $d > 1$，因为 $d \mid a^x$，所以

$$d \nmid (a^x - 1)$$

从而

$$x \nmid (a^x - 1)$$

矛盾.

5）因为 $a^{\varphi(x)} \equiv 1 (\bmod\ x)$，又 $a^x \equiv 1 (\bmod\ x)$，所以

$$a^{(\varphi(x), x)} \equiv 1 (\bmod\ x)$$

注意 $a \not\equiv 1 (\bmod\ x)$，于是 $(\varphi(x), x) > 1$.

58. 设 $N = pq$，如果 $\min\{p, q\} \geqslant k$，试用 N, k 给出 $\varphi(N)$ 的上、下界.

解　因为 $pq = N$，所以 $p + q \geqslant 2\sqrt{N}$，又由于

$$\varphi(N) = (p - 1)(q - 1)$$
$$= N + 1 - p - q$$

于是

$$\varphi(N) \leqslant N + 1 - 2\sqrt{N}$$

另一方面，不妨设 $p > \sqrt{N} \geqslant q$，则可得

$$\varphi(N) = N + 1 - p - q$$
$$\geqslant N + 1 - \frac{N}{q} - \sqrt{N}$$
$$= \frac{q - 1}{q} N + 1 - \sqrt{N}$$

于是由 $q \geqslant k$ 知，上式给出

$$\varphi(N) \geqslant \frac{q - 1}{q} N + 1 - \sqrt{N} \geqslant \frac{k - 1}{k} N + 1 - \sqrt{N}$$

所以，我们得到用 N, k 表示的 $\varphi(N)$ 的上、下界，即

$$\frac{k-1}{k}N + 1 - \sqrt{N} \leqslant \varphi(N) \leqslant N + 1 - 2\sqrt{N}$$

59. 设 (x_1, y_1) 是 Pell 方程 $x^2 - Dy^2 = 1$ 的基本解，这个方程的解都满足

$$x_n + y_n\sqrt{D} = (x_1 + y_1\sqrt{D})^n$$

设 $(x_0, y_0) = (1, 0)$，证明：

1）对任意 $0 \leqslant k \leqslant n$，有

$$x_n = x_{n-k}x_k + Dy_{n-k}y_k$$

$$y_n = y_{n-k}x_k + x_{n-k}y_k$$

2）对任意 $0 \leqslant k \leqslant n$，有

$$x_k = x_{n-k}x_n - Dy_{n-k}y_n$$

$$y_k = x_{n-k}y_n - y_{n-k}x_n$$

证 记 $\boldsymbol{P} = \begin{pmatrix} x_1 & Dy_1 \\ y_1 & x_1 \end{pmatrix}$，首先来证明 $\begin{pmatrix} x_n \\ y_n \end{pmatrix} = \boldsymbol{P}^n \begin{pmatrix} 1 \\ 0 \end{pmatrix}$.

令

$$\lambda_1 = x_1 + y_1\sqrt{D}, \lambda_2 = x_1 - y_1\sqrt{D}$$

由 $x_n + y_n\sqrt{D} = (x_1 + y_1\sqrt{D})^n$，得

$$x_n = \frac{\lambda_1^n + \lambda_2^n}{2}, y_n = \frac{\lambda_1^n - \lambda_2^n}{2\sqrt{D}}$$

令 $\boldsymbol{T} = \begin{pmatrix} \sqrt{D} & -\sqrt{D} \\ 1 & 1 \end{pmatrix}, \boldsymbol{T}^{-1} = \frac{1}{2D}\begin{pmatrix} \sqrt{D} & D \\ -\sqrt{D} & D \end{pmatrix}$，则

$$\boldsymbol{T}\begin{pmatrix} \lambda_1 & 0 \\ 0 & \lambda_2 \end{pmatrix}\boldsymbol{T}^{-1} = \begin{pmatrix} \sqrt{D} & -\sqrt{D} \\ 1 & 1 \end{pmatrix}\begin{pmatrix} \lambda_1 & 0 \\ 0 & \lambda_2 \end{pmatrix}\frac{1}{2D}\begin{pmatrix} \sqrt{D} & D \\ -\sqrt{D} & D \end{pmatrix}$$

于是

$$P^n = T \begin{pmatrix} \lambda_1 & 0 \\ 0 & \lambda_2 \end{pmatrix}^n T^{-1}$$

$$= \begin{pmatrix} \sqrt{D} & -\sqrt{D} \\ 1 & 1 \end{pmatrix} \begin{pmatrix} \lambda_1^n & 0 \\ 0 & \lambda_2^n \end{pmatrix} \cdot$$

$$\frac{1}{2D} \begin{pmatrix} \sqrt{D} & D \\ -\sqrt{D} & D \end{pmatrix}$$

$$= \begin{pmatrix} x_n & Dy_n \\ y_n & x_n \end{pmatrix}$$

所以,有

$$P^n \begin{pmatrix} 1 \\ 0 \end{pmatrix} = \begin{pmatrix} x_n \\ y_n \end{pmatrix}$$

其次,P^n 是可逆的,可以验证其逆为

$$\begin{pmatrix} x_n & -Dy_n \\ -y_n & x_n \end{pmatrix}$$

而

$$\begin{pmatrix} x_n \\ y_n \end{pmatrix} = P^n \begin{pmatrix} 1 \\ 0 \end{pmatrix} = P^{n-k} P^k \begin{pmatrix} 1 \\ 0 \end{pmatrix} = P^{n-k} \begin{pmatrix} x_k \\ y_k \end{pmatrix}$$

所以,有

$$\begin{pmatrix} x_n \\ y_n \end{pmatrix} = P^{n-k} \begin{pmatrix} x_k \\ y_k \end{pmatrix}, \begin{pmatrix} x_k \\ y_k \end{pmatrix} = (P^{n-k})^{-1} \begin{pmatrix} x_n \\ y_n \end{pmatrix}$$

从而证明了原命题.

注　利用这组公式,读者可以推得 Pell 方程的积化和差的公式

$$x_m x_n = \frac{1}{2}(x_{m+n} + x_{m-n})$$

$$y_m y_n = \frac{1}{2D}(x_{m+n} - x_{m-n})$$

$$y_m x_n = \frac{1}{2}(y_{m+n} + y_{m-n})$$

$$x_m y_n = \frac{1}{2}(y_{m+n} - y_{m-n})$$

当 m, n 奇偶性相同时,还可以得到一组和差化积的公式

$$x_m + x_n = 2x_{\frac{m+n}{2}}x_{\frac{m-n}{2}}$$

$$y_m + y_n = 2y_{\frac{m+n}{2}}x_{\frac{m-n}{2}}$$

$$x_m - x_n = 2Dy_{\frac{m+n}{2}}y_{\frac{m-n}{2}}$$

$$y_m - y_n = 2x_{\frac{m+n}{2}}y_{\frac{m-n}{2}}$$

和差化积公式常被用来求解很难处理的丢番图方程问题. 例如 1983 年,曹珍富首先提出了丢番图方程组 $x^2 + 1 = 2y^2, x^2 - 1 = 2Dz^2$ 的求解问题,并得到 D 为不超过 5 个素数乘积时该方程组的全部正整数解(参看文献[1],[2]). 13 年后,Ono 发现这个丢番图方程组在椭圆曲线中有重要应用(参看文献[3]). 1997 年,Walsh 得到这个方程组在 D 为不超过 4 个素数乘积时的全部正整数解(参看文献[4]). Walsh 的结果被 Ono 称为"the nice result". 显然,Walsh 的结果包含在 14 年前曹珍富的结果中. 后来,董晓蕾等人求解了方程组在 D 为不超过 7 个素数乘积时的全部正整数解(参看文献[5]).

[1] 曹珍富. 关于丢番图方程 $x^2 + 1 = 2y^2, x^2 - 1 = 2Dz^2$[J]. 数学杂志,1983(3):227 – 235.

[2] 曹珍富. 丢番图方程引论[M]. 哈尔滨:哈尔滨工业大学出版社,2012.

[3] ONO K. Euler′s concordant forms[J]. Acta Arith-

metica,1996(78):101 - 123.

[4] WALSH P G. On integer solutions to $x^2 - dy^2 = 1$, $z^2 - 2dy^2 = 1$ [J]. Acta Arithmetica,1997,82(1): 69 - 76.

[5] DONG Xiaolei,CAO Zhenfu. The simultaneous Pell equations $y^2 - Dz^2 = 1$ and $x^2 - 2Dz^2 = 1$ [J]. Acta Arithmetica,2007,126(2):115 - 123.

60. 证明丢番图方程组
$$\begin{cases} x^2 - x + 1 = 13v^2 \\ x + 1 = u^2 \end{cases}$$

无整数解.

证 第一个式子等价于
$$(2x - 1)^2 - 13(2v)^2 = -3$$
令 $\alpha = 2x - 1, \beta = 2v$,有
$$\alpha^2 - 13\beta^2 = -3$$

接下来研究这个方程解的数论性质. 这个方程的解是由两个结合类构成的,第一个结合类的基本解是
$$(\alpha_1, \beta_1) = (7,2)$$
所以该类中的全部正整数解为
$$\alpha_n + \beta_n \sqrt{13} = (\alpha_1 + \beta_1 \sqrt{13})(\tau_1 + \eta_1 \sqrt{13})^n$$
其中 $\tau_1 + \eta_1 \sqrt{13}$ 是 $\alpha^2 - 13\beta^2 = 1$ 的基本解,即
$$(\tau_1, \eta_1) = (649,180)$$
我们希望证明对所有 α_n,都有 $\alpha_n \equiv 1 \pmod 3$. 这是因为
$$\begin{pmatrix} \alpha_n \\ \beta_n \end{pmatrix} = \begin{pmatrix} \tau_1 & 13\eta_1 \\ \eta_1 & \tau_1 \end{pmatrix}^n \begin{pmatrix} \alpha_1 \\ \beta_1 \end{pmatrix}$$

如果对矩阵中所有数字都模 3,那么

$$\begin{pmatrix} \alpha_n \\ \beta_n \end{pmatrix} = \begin{pmatrix} 1 & 0 \\ 0 & 1 \end{pmatrix}^n \begin{pmatrix} 1 \\ -1 \end{pmatrix} \equiv \begin{pmatrix} 1 \\ -1 \end{pmatrix} \pmod 3$$

显然有 $\alpha_n \equiv 1 \pmod 3$.

第二个结合类的基本解是 $(s_1, t_1) = (137, 38)$. 所以该类中的全部正整数解为

$$s_n + t_n \sqrt{13} = (s_1 + t_1 \sqrt{13})(\tau_1 + \eta_1 \sqrt{13})^n$$

我们希望证明对所有 s_n,都有 $s_n \equiv 1 \pmod 8$. 这是因为

$$\begin{pmatrix} s_n \\ t_n \end{pmatrix} = \begin{pmatrix} \tau_1 & 13\eta_1 \\ \eta_1 & \tau_1 \end{pmatrix}^n \begin{pmatrix} s_1 \\ t_1 \end{pmatrix}$$

如果对矩阵中所有数字都模 8,那么在模 8 意义下,有

$$\begin{pmatrix} 1 & 4 \\ 4 & 1 \end{pmatrix}^2 = \begin{pmatrix} 1 & 0 \\ 0 & 1 \end{pmatrix}$$

故

$$\begin{pmatrix} s_n \\ t_n \end{pmatrix} = \begin{pmatrix} 1 & 4 \\ 4 & 1 \end{pmatrix}^n \begin{pmatrix} 1 \\ 6 \end{pmatrix} \equiv \begin{cases} \begin{pmatrix} 1 \\ 6 \end{pmatrix} \pmod 8, 若 n 为偶数 \\ \begin{pmatrix} 1 \\ 2 \end{pmatrix} \pmod 8, 若 n 为奇数 \end{cases}$$

所以 $s_n \equiv 1 \pmod 8$.

取 (s_n, t_n) 代入 $x + 1 = u^2$,有

$$u^2 = x + 1 = \frac{s_n + 3}{2}$$

两边取模 4,发现

$$u^2 \equiv 2 \pmod 4$$

这不可能. 取 (α_n, β_n) 代入

$$u^2 = \frac{\alpha_n + 3}{2}, \quad 2u^2 \equiv 1 \pmod 3$$

则 $$1 = \left(\frac{1}{3}\right) = \left(\frac{2u^2}{3}\right) = \left(\frac{2}{3}\right) = -1$$

也不可能. 所以原方程无解.

注 本题是求解丢番图方程 $x^3 + 1 = 13y^2$ 的一部分. 求解丢番图方程 $x^3 + 1 = 13y^2$ 的思路是将这个方程归结成四种情形

$$x + 1 = 13u^2, x^2 - x + 1 = v^2, y = uv$$
$$x + 1 = u^2, x^2 - x + 1 = 13v^2, y = uv$$
$$x + 1 = 3 \cdot 13u^2, x^2 - x + 1 = 3v^2, y = 3uv$$
$$x + 1 = 3u^2, x^2 - x + 1 = 3 \cdot 13v^2, y = 3uv$$

然后分别求解它们, 本题就是其中的第二种情形. 59、60 题的结果是基本的, 本书证明采用了文献[1].

对于二元二次不定方程 $x^2 - dy^2 = c$, 其中 $d > 0$ 且不是一个平方数, c 是一个不为 0 的整数, 如果它有一组整数解, 则有无穷多组解, 可以通过对应的 Pell 方程 $x^2 - dy^2 = 1$ 的一个解, 建立 $x^2 - dy^2 = c$ 的诸解之间的一个等价关系, 从而把它的全部解分成若干个等价类, 且可证其类数有限. 特别当 $c = \pm p$ 时(这里 p 为素数), 可具体定出它们的类数: 当 p 是 $2d$ 的因数时, 类数为 1; 当 p 不是 $2d$ 的因数时, 类数为 2. 本题的不定方程 $x^2 - 13y^2 = -3$ 就属后一种情形(请参阅文献[2]).

[1] 佟瑞洲. 广义 Fermat 方程与指数丢番图方程[M]. 沈阳:辽宁科学技术出版社,2011.

[2] 柯召,孙琦. 谈谈不定方程[M]. 哈尔滨:哈尔滨工业大学出版社,2011:23 - 29.

61. 证明:存在无穷多个 k ,使得数列 $\{k2^n + 1\}_{n \in \mathbb{N}}$ 中的数均为合数.

证 设 Fermat 数 $F_0 = 3$, $F_1 = 5$, $F_2 = 17$, $F_3 = 257$, $F_4 = 65\,537$ 均为素数. 设 $F_5 = 2^{32} + 1 = 641p$,其中 p 也是个素数. 为了证明原命题,我们只需证明一条引理:对任意自然数 k ,如果 $k > p$ 且满足

$$k \equiv 1 \pmod{641(2^{32} - 1)}$$
$$k \equiv -1 \pmod{p}$$

那么 $\{k2^n + 1\}_{n \in \mathbb{N}}$ 中的数就都是合数.

引理的证明如下:

首先将 n 写成 $2^m(2t + 1)$ 的形式,如果 $m \in \{0, 1, 2, 3, 4\}$,那么

$$k2^n + 1 \equiv 2^{2^m(2t+1)} + 1 \pmod{(2^{32} - 1)}$$

注意到

$$F_m \mid (2^{32} - 1) \text{ 且 } F_m \mid (2^{2^m(2t+1)} + 1)$$

所以

$$F_m \mid (k2^n + 1)$$

如果 $m = 5$,那么有

$$k2^n + 1 \equiv 2^{2^5(2t+1)} + 1 \pmod{641}$$

注意到

$$641 \mid (2^{2^5} + 1), (2^{2^5} + 1) \mid (2^{2^5(2t+1)} + 1)$$

所以 $k2^n + 1$ 也是合数. 现在讨论 $m > 5$ 的情形,有 $2^6 \mid n$,设 $n = 2^6 h$,使用引理中关于 k 的第二个同余式,得到

$$k2^n + 1 \equiv -2^{2^6 h} + 1 \pmod{p}$$

注意 $p \mid F_5$, $F_5 \mid (F_6 - 2)$, $(F_6 - 2) \mid (2^{2^6 h} - 1)$,所以 $p \mid (k2^n + 1)$,引理得证.

110

从引理推导原命题是显然的.

注　本题结论首先由 Sierpinski 在 1960 年获得[1].

[1]　KRIZEK MICHAL, LUCA FLORIAN, SOMER LAWRENCE. 17 Lectures on Fermat Numbers [M]. Springer,2002.

62. 设素数 $p \mid F_m$,其中 $F_m = 2^{2^m} + 1$,证明:$p^2 \mid F_m$ 当且仅当 $2^{p-1} \equiv 1 \pmod{p^2}$.

证　如果 $p^2 \mid F_m$,那么

$$2^{2^m} \equiv -1 \pmod{p^2}$$
$$2^{2^{m+2}} \equiv 2^{2^m \cdot 4} \equiv (2^{2^m})^4 \equiv 1 \pmod{p^2}$$

所以对任何 k,都有

$$2^{k2^{m+2}} \equiv 1 \pmod{p^2}$$

熟知,Fermat 数的素因数 p 必然可以写成 $k2^{m+2} + 1$ 的形式,于是 $2^{p-1} \equiv 1 \pmod{p^2}$.

如果 $2^{p-1} \equiv 1 \pmod{p^2}$,则

$$\mathrm{ord}_{p^2}(2) \mid (p-1)$$

所以 $p \nmid \mathrm{ord}_{p^2}(2)$. 于是

$$\mathrm{ord}_{p^2}(2) \equiv \mathrm{ord}_p(2)$$

即 $2^k \equiv 1 \pmod{p^2}$ 成立当且仅当 $2^k \equiv 1 \pmod{p}$ 成立.

因为 $p \mid F_m$,所以

$$2^{2^m} \equiv -1 \pmod{p}$$

因此

$$2^{2^{m+1}} \equiv 1 \pmod{p}, 2^{2^{m+1}} \equiv 1 \pmod{p^2}$$

这说明

$$p^2 \mid (2^{2^{m+1}} - 1) = (2^{2^m} + 1)(2^{2^m} - 1) = F_m(F_m - 2)$$

因为 $p \mid F_m$,$(F_m, F_m - 2) = 1$,所以 $p^2 \mid F_m$.

初等数论的一些定义和定理

第
2
章

§0

我们常用以下记号:

用字母 $a,b,c,\cdots$ 表示整数.

$\max\{a,b\}$ 表示 a,b 中较大者, $\min\{a,b\}$ 表示 a,b 中较小者.

$$\sum_{i=1}^{k} a_i = a_1 + a_2 + \cdots + a_k.$$

$$\sum_{i=1}^{\infty} a_i = a_1 + a_2 + \cdots,$$ 表示对无穷序列 $a_1,a_2,\cdots$ 求和.

$$\prod_{i=1}^{k} a_i = a_1 \cdot \cdots \cdot a_k,$$ 表示 k 个整数 $a_1,a_2,\cdots,a_k$ 连乘.

$$n! = n \cdot (n-1) \cdot \cdots \cdot 2 \cdot 1.$$

$$\binom{n}{r} = \frac{n(n-1)\cdots(n-r+1)}{r!}, \text{其中 } n > 0, 1 \leqslant r \leqslant n.$$

§1

任给两个整数 a, b，其中 $b > 0$，如果存在一个整数 q，使得等式 $a = bq$ 成立，我们说 b **整除** a，记为 $b \mid a$. 此时，a 叫做 b 的**倍数**，b 叫做 a 的**因数**. 注意，因数常指正的. 如果 b 不能整除 a，就记为 $b \nmid a$.

如果 $a^t \mid b, a^{t+1} \nmid b, t \geqslant 1$，记为 $a^t \parallel b$.

§2

设 a, b 是任给的两个整数，其中 $b > 0$，则存在两个唯一的整数 q 和 r，使得 $a = bq + r, 0 \leqslant r < b, r$ 称为 **a 模 b 的最小非负剩余**.

§3

设 $a_1, \cdots, a_n$ 是 n 个整数 $(n \geqslant 2)$，如果整数 d 是它们之中每一个数的因数，那么 d 就叫做 $a_1, \cdots, a_n$ 的一个**公因数**，所有公因数中最大的叫做**最大公因数**，记为 $(a_1, \cdots, a_n)$. 如果有 $(a_1, \cdots, a_n) = 1$，就称 $a_1, \cdots, a_n$ **互素**. 如果 m 是这 n 个数的倍数，那么把 m 叫做这 n 个数的**公倍数**，所有公倍数中的最小正数叫做**最小公倍数**，记为 $[a_1, \cdots, a_n]$，而且 $[a_1, \cdots, a_n] \mid m$.

§4

一个大于 1 的整数，如果它的因数只有 1 和它本身，这个数就叫做**素数**，否则就叫做**复合数**. 任一大于

1 的整数 a 能够唯一地写成 $a = p_1^{\alpha_1} \cdot \cdots \cdot p_k^{\alpha_k}, \alpha_i > 0,$ $i = 1, \cdots, k, p_1 < \cdots < p_k$ 是素数,这个式子叫做 a 的**标准分解式**(整数的唯一分解定理).

§5

设

$$a = p_1^{a_1} \cdot \cdots \cdot p_s^{a_s}, a_i \geqslant 0, i = 1, \cdots, s$$
$$b = p_1^{b_1} \cdot \cdots \cdot p_s^{b_s}, b_i \geqslant 0, i = 1, \cdots, s$$

且 $p_1 < \cdots < p_s$ 是素数. 则有

$$(a, b) = p_1^{\min\{a_1, b_1\}} \cdot \cdots \cdot p_s^{\min\{a_s, b_s\}}$$
$$[a, b] = p_1^{\max\{a_1, b_1\}} \cdot \cdots \cdot p_s^{\max\{a_s, b_s\}}$$

还有

$$ab = (a, b)[a, b]$$

§6

给定一个整数 $m > 0$,如果对两个整数 a, b 有 $m \mid (a - b)$,也就是 a, b 除 m 后的余数相同,则叫做 $a,$ b **对模 m 同余**,记为 $a \equiv b \pmod{m}$.

以 m 为模,可以把全体整数按照余数来分类,凡用 m 来除有相同余数的整数都归成同一类. 这样,便可把全体整数分成 m 个类

$$\{0\}, \{1\}, \cdots, \{m - 1\}$$

叫做**模 m 的剩余类**,其中 $\{0\}$ 是除以 m 以后余数为 0 的所有整数,$\{1\}$ 是除以 m 后余数为 1 的所有整数,等.

如果整数 a_i 取自剩余类 $\{i\}, i = 0, 1, \cdots, m - 1$,则 $a_0, a_1, \cdots, a_{m-1}$ 叫做模 m 的一组**完全剩余系**.

§7

设 x 是任一实数,用【x】或 $\lfloor x \rfloor$ 来表示适合下列不等式的整数

$$\lfloor x \rfloor \leqslant x < \lfloor x \rfloor + 1$$

即【x】或 $\lfloor x \rfloor$ 表示不超过 x 的最大整数.

对于任何实数 x, y,有 $\lfloor x + y \rfloor \geqslant \lfloor x \rfloor + \lfloor y \rfloor$.

在 $1, 2 \cdots, n$ 中恰有 $\left\lfloor \dfrac{n}{m} \right\rfloor$ 个数是正整数 m 的倍数.

§8

设 $n > 0, \sigma(n) = \sum\limits_{d \mid n} d$ 表示 n 的所有因数的和,设 $n = p_1^{\alpha_1} \cdots p_k^{\alpha_k}$ 是 n 的标准分解式,则有

$$\sigma(n) = \frac{p_1^{\alpha_1 + 1} - 1}{p_1 - 1} \cdot \cdots \cdot \frac{p_k^{\alpha_k + 1} - 1}{p_k - 1}$$

设 $d(n) = \sum\limits_{d \mid n} 1$ 表示 n 的因数的个数,则有

$$d(n) = (\alpha_1 + 1) \cdot \cdots \cdot (\alpha_k + 1)$$

设 $\varphi(n)$ 表示 $0, 1, \cdots, n - 1$ 中与 n 互素的数的个数,则有

$$\varphi(n) = n \left(1 - \frac{1}{p_1} \right) \cdots \left(1 - \frac{1}{p_k} \right)$$

§9

设 $m > 0, (m, a) = 1$,则 $a^{\varphi(m)} \equiv 1 \pmod{m}$;当 $m = p$ 是素数时,由于 $\varphi(p) = p - 1$,故如果 $(a, p) = 1$,则 $a^{p-1} \equiv 1 \pmod{p}$.

§10

设 p 是素数, a_i 是整数, $i = 0, 1, \cdots, n$, $p \nmid a_n$, 则

$$a_n x^n + a_{n-1} x^{n-1} + \cdots + a_1 x + a_0 \equiv 0 \pmod{p}$$

解的个数 $(0 \leqslant x \leqslant p - 1)$ 不大于 n, 重解已计算在内.

如果 p 是素数, 则有 $(p - 1)! + 1 \equiv 0 \pmod{p}$.

§11

设 $m > 0$, 如果 $(n, m) = 1$, 且同余式

$$x^2 \equiv n \pmod{m}$$

有解, 就称 n 为模 m 的**二次剩余**; 如果上面的同余式没有解, 就称 n 为模 m 的**二次非剩余**.

设 $p > 2$ 为素数, 共有 $\frac{1}{2}(p - 1)$ 个模 p 的二次剩余, $\frac{1}{2}(p - 1)$ 个模 p 的二次非剩余, 且

$$1^2, 2^2, \cdots, \left(\frac{1}{2}(p - 1) \right)^2$$

为模 p 的全体二次剩余.

设 $p \nmid n$, Legendre 符号 $\left(\dfrac{n}{p} \right)$ 定义为

$$\left(\frac{n}{p} \right) = \begin{cases} 1, & \text{如果 } n \text{ 是模 } p \text{ 的二次剩余} \\ -1, & \text{如果 } n \text{ 是模 } p \text{ 的二次非剩余} \end{cases}$$

则有 $\left(\dfrac{n}{p} \right) \equiv n^{\frac{p-1}{2}} \pmod{p}$.

§12

我们有

116

$$\left(\frac{-1}{p}\right) = (-1)^{\frac{p-1}{2}}, \left(\frac{2}{p}\right) = (-1)^{\frac{p^2-1}{8}}$$

其中 p 为奇素数,以及

$$\left(\frac{p}{q}\right)\left(\frac{q}{p}\right) = (-1)^{\frac{p-1}{2}\cdot\frac{q-1}{2}}$$

其中 p, q 为不同的奇素数.

§13

设 $m > 1$ 是一个奇数,$m = p_1 p_2 \cdots p_t, p_i (i = 1, \cdots, t)$ 是素数,$(m, n) = 1$,Jacobi 符号 $\left(\frac{n}{m}\right)$ 定义为

$$\left(\frac{n}{m}\right) = \prod_{i=1}^{t}\left(\frac{n}{p_i}\right)$$

我们有

$$\left(\frac{-1}{m}\right) = (-1)^{\frac{m-1}{2}}, \left(\frac{2}{m}\right) = (-1)^{\frac{m^2-1}{2}}$$

以及当 $n > 1$ 是一个奇数时,有

$$\left(\frac{n}{m}\right)\left(\frac{m}{n}\right) = (-1)^{\frac{m-1}{2}\cdot\frac{n-1}{2}}$$

§14

设 $(a, m) = 1, m > 0$,如果 $s > 0, a^s \equiv 1 \pmod{m}$,而对小于 s 的任意正整数 $u, a^u \not\equiv 1 \pmod{m}$,则叫做 a 模 m 的次数是 s. 记 $s = \mathrm{ord}_m(a)$. 我们有 $s \mid \varphi(m)$,且当 $s = \varphi(m)$ 时,a 叫做 m 的**元根**.

m 有**元根**的充分必要条件是 $m = 2, 4, p^l, 2p^l, l \geqslant 1, p$ 是奇素数.

§15

设 $m_1, \cdots, m_k$ 是 k 个两两互素的正整数, $M = m_1 \cdots m_k, M_i = \dfrac{M}{m_i}, i = 1, \cdots, k$, 则同余式组

$$x \equiv b_1(\bmod\ m_1), \cdots, x \equiv b_k(\bmod\ m_k)$$

有唯一解

$$x \equiv M_1' M_1 b_1 + \cdots + M_k' M_k b_k(\bmod\ M)$$

其中 $M_1' M_1 \equiv 1(\bmod\ m_i), i = 1, \cdots, k$(孙子定理).

§16

在 $n!$ 的标准分解式中素因数 p 的方幂为

$$\sum_{r=1}^{\infty} \left\lfloor \frac{n}{p^r} \right\rfloor$$

§17

设整数 $D > 1$ 不是平方数,Pell 方程通常指以下四类不定方程

$$x^2 - Dy^2 = N, N = \pm 1, \pm 4$$

当 $N = 1$ 时,Pell 方程 $x^2 - Dy^2 = 1$ 有无穷多组整数解 x, y. 设 $x_0^2 - Dy_0^2 = 1, x_0 > 0, y_0 > 0$ 是所有 $x > 0$, $y > 0$ 的解中使 $x + y\sqrt{D}$ 最小的那组解(称 $\{x_0, y_0\}$ 为 $x^2 - Dy^2 = 1$ 的基本解),则 $x^2 - Dy^2 = 1$ 的全部解 x, y 由

$$x + y\sqrt{D} = \pm(x_0 + y_0\sqrt{D})^n$$

表出,其中 n 是任意整数.

当 $N = -1$ 时,Pell 方程 $x^2 - Dy^2 = -1$ 如果有整数解,且设 $a^2 - Db^2 = -1, a > 0, b > 0$ 是所有 $x > 0$,

$y > 0$ 的解中使 $x + y\sqrt{D}$ 最小的那组解（$\{a, b\}$ 叫做 $x^2 - Dy^2 = -1$ 的基本解），则 $x^2 - Dy^2 = -1$ 的全部解 x, y 由

$$x + y\sqrt{D} = \pm(a + b\sqrt{D})^{2n+1}$$

表出，其中 n 是任意整数，且

$$x_0 + y_0\sqrt{D} = (a + b\sqrt{D})^2$$

其中 $\{x_0, y_0\}$ 是 $x^2 - Dy^2 = 1$ 的基本解.

当 $N = \pm 4$ 时，有类似的结果.

编辑手记

据美国图书馆研究协会统计，1999 年以来，哈佛图书馆的员工总数持续下降，到 2010 年还有 938 位，比 1999 年减少了 150 位．按美国大学图书馆人均借阅量降低的趋势，用不了几年，实体图书的借阅量将归"0"．那为什么还要出版实体图书呢？理由有很多，但其中一个不可忽视的原因是"此物最追思"，大凡我们特别尊敬的人逝世了，出版一本文集以表怀念，是"最文人"的作法．《柯召文集》早已出版，所以他最得意的弟子孙琦先生同曹珍富先生便以此来纪念我国的这位数论前辈．

在居里夫人的女儿所写的《居里

夫人传》中评价居里夫人时说：

> "作为一个人，她能从容牺牲，奉献所有而一无所取……她拥有一颗无论处于成功或逆境都不改变的、异乎寻常的圣洁灵魂！"

笔者觉得此语用来评价柯召院士是再恰当不过了．去年暑期笔者与张永芹、甄淼淼编辑到京拜访了柯先生的女儿柯孚久教授，柯教授满怀深情地回忆了柯先生淡泊名利、追求学问的一生．在居住着两位院士（柯先生的女婿白以龙先生也是院士）略显简陋的住所中笔者感受到了这一点．

著名作家刘震云说：

> "世界上有一条大河特别波涛汹涌，淹死了许多人，叫聪明．许多人没有在愚蠢的河流里淹死，都是在聪明的河流里淹死．真正的聪明是愚公移山．世界上不存在大智慧，就像世界上本不存在才华这个词．重复的事情不停地做，你就是专家；做重复的事特别专注，你就是大家．"

柯先生年轻时虽聪明过人但绝不是那种旷世奇才，正是那种经年累月的艰苦劳作才终成一代宗师．本书的两位作者也是如此．

1905 年，当时美国最著名的医生，有"现代医学之父"之称的威廉·奥斯勒（William Osler）决定从他一手创办的约翰·霍普金斯大学医学院退休．是年刚满

55 岁的奥斯勒在离职演讲中说：

　　"世界上影响最深远、意义最重大的工作都是人们在 25 岁到 40 岁之间完成的，男人一过 40 岁，基本上已经没什么用了."

　　这话在以前还适用，古语道"四十不学艺"，而本书的两位作者一位年逾古稀，一位年过半百. 但都还活跃在数论研究的前沿，时代真不一样了！

　　本书是两位作者为纪念柯召先生逝世 10 周年而作，又恰逢数学家、理论物理学家麦克斯韦诞辰 180 周年，原子核物理之父、实验物理学家卢瑟福诞辰 140 周年，量子力学创始人之一的核物理学家海森伯格诞辰 110 周年，同时也是著名科学家居里夫人获诺贝尔化学奖 100 周年.

　　笔者虽跟随作者之一学习过数论，但没能学成，所以对书稿内容无法评论. 寥寥数语，以表对三位数论专家的敬仰之情.

刘培杰
2012 年 5 月 11 日
于哈工大

刘培杰数学工作室
已出版(即将出版)图书目录——初等数学

书　名	出版时间	定　价	编号
新编中学数学解题方法全书(高中版)上卷(第2版)	2018—08	58.00	951
新编中学数学解题方法全书(高中版)中卷(第2版)	2018—08	68.00	952
新编中学数学解题方法全书(高中版)下卷(一)(第2版)	2018—08	58.00	953
新编中学数学解题方法全书(高中版)下卷(二)(第2版)	2018—08	58.00	954
新编中学数学解题方法全书(高中版)下卷(三)(第2版)	2018—08	68.00	955
新编中学数学解题方法全书(初中版)上卷	2008—01	28.00	29
新编中学数学解题方法全书(初中版)中卷	2010—07	38.00	75
新编中学数学解题方法全书(高考复习卷)	2010—01	48.00	67
新编中学数学解题方法全书(高考真题卷)	2010—01	38.00	62
新编中学数学解题方法全书(高考精华卷)	2011—03	68.00	118
新编平面解析几何解题方法全书(专题讲座卷)	2010—01	18.00	61
新编中学数学解题方法全书(自主招生卷)	2013—08	88.00	261
数学奥林匹克与数学文化(第一辑)	2006—05	48.00	4
数学奥林匹克与数学文化(第二辑)(竞赛卷)	2008—01	48.00	19
数学奥林匹克与数学文化(第二辑)(文化卷)	2008—07	58.00	36′
数学奥林匹克与数学文化(第三辑)(竞赛卷)	2010—01	48.00	59
数学奥林匹克与数学文化(第四辑)(竞赛卷)	2011—08	58.00	87
数学奥林匹克与数学文化(第五辑)	2015—06	98.00	370
世界著名平面几何经典著作钩沉——几何作图专题卷(共3卷)	2022—01	198.00	1460
世界著名平面几何经典著作钩沉(民国平面几何老课本)	2011—03	38.00	113
世界著名平面几何经典著作钩沉(建国初期平面三角老课本)	2015—08	38.00	507
世界著名解析几何经典著作钩沉——平面解析几何卷	2014—01	38.00	264
世界著名数论经典著作钩沉(算术卷)	2012—01	28.00	125
世界著名数学经典著作钩沉——立体几何卷	2011—02	28.00	88
世界著名三角学经典著作钩沉(平面三角卷Ⅰ)	2010—06	28.00	69
世界著名三角学经典著作钩沉(平面三角卷Ⅱ)	2011—01	38.00	78
世界著名初等数论经典著作钩沉(理论和实用算术卷)	2011—07	38.00	126
世界著名几何经典著作钩沉(解析几何卷)	2022—10	68.00	1564
发展你的空间想象力(第3版)	2021—01	98.00	1464
空间想象力进阶	2019—05	68.00	1062
走向国际数学奥林匹克的平面几何试题诠释.第1卷	2019—07	88.00	1043
走向国际数学奥林匹克的平面几何试题诠释.第2卷	2019—09	78.00	1044
走向国际数学奥林匹克的平面几何试题诠释.第3卷	2019—03	78.00	1045
走向国际数学奥林匹克的平面几何试题诠释.第4卷	2019—09	98.00	1046
平面几何证明方法全书	2007—08	35.00	1
平面几何证明方法全书习题解答(第2版)	2006—12	18.00	10
平面几何天天练上卷·基础篇(直线型)	2013—01	58.00	208
平面几何天天练中卷·基础篇(涉及圆)	2013—01	28.00	234
平面几何天天练下卷·提高篇	2013—01	58.00	237
平面几何专题研究	2013—07	98.00	258
平面几何解题之道.第1卷	2022—05	38.00	1494
几何学习题集	2020—10	48.00	1217
通过解题学习代数几何	2021—04	88.00	1301
圆锥曲线的奥秘	2022—06	88.00	1541

刘培杰数学工作室
已出版(即将出版)图书目录——初等数学

书　名	出版时间	定　价	编号
最新世界各国数学奥林匹克中的平面几何试题	2007－09	38.00	14
数学竞赛平面几何典型题及新颖解	2010－07	48.00	74
初等数学复习及研究(平面几何)	2008－09	68.00	38
初等数学复习及研究(立体几何)	2010－06	38.00	71
初等数学复习及研究(平面几何)习题解答	2009－01	58.00	42
几何学教程(平面几何卷)	2011－03	68.00	90
几何学教程(立体几何卷)	2011－07	68.00	130
几何变换与几何证题	2010－06	88.00	70
计算方法与几何证题	2011－06	28.00	129
立体几何技巧与方法(第2版)	2022－10	168.00	1572
几何瑰宝——平面几何500名题暨1500条定理(上、下)	2021－07	168.00	1358
三角形的解法与应用	2012－07	18.00	183
近代的三角形几何学	2012－07	48.00	184
一般折线几何学	2015－08	48.00	503
三角形的五心	2009－06	28.00	51
三角形的六心及其应用	2015－10	68.00	542
三角形趣谈	2012－08	28.00	212
解三角形	2014－01	28.00	265
探秘三角形:一次数学旅行	2021－10	68.00	1387
三角学专门教程	2014－09	28.00	387
图天下几何新题试卷.初中(第2版)	2017－11	58.00	855
圆锥曲线习题集(上册)	2013－06	68.00	255
圆锥曲线习题集(中册)	2015－01	78.00	434
圆锥曲线习题集(下册·第1卷)	2016－10	78.00	683
圆锥曲线习题集(下册·第2卷)	2018－01	98.00	853
圆锥曲线习题集(下册·第3卷)	2019－10	128.00	1113
圆锥曲线的思想方法	2021－08	48.00	1379
圆锥曲线的八个主要问题	2021－10	48.00	1415
论九点圆	2015－05	88.00	645
近代欧氏几何学	2012－03	48.00	162
罗巴切夫斯基几何学及几何基础概要	2012－07	28.00	188
罗巴切夫斯基几何学初步	2015－06	28.00	474
用三角、解析几何、复数、向量计算解数学竞赛几何题	2015－03	48.00	455
用解析法研究圆锥曲线的几何理论	2022－05	48.00	1495
美国中学几何教程	2015－04	88.00	458
三线坐标与三角形特征点	2015－04	98.00	460
坐标几何学基础.第1卷,笛卡儿坐标	2021－08	48.00	1398
坐标几何学基础.第2卷,三线坐标	2021－09	28.00	1399
平面解析几何方法与研究(第1卷)	2015－05	18.00	471
平面解析几何方法与研究(第2卷)	2015－06	18.00	472
平面解析几何方法与研究(第3卷)	2015－07	18.00	473
解析几何研究	2015－01	38.00	425
解析几何学教程.上	2016－01	38.00	574
解析几何学教程.下	2016－01	38.00	575
几何学基础	2016－01	58.00	581
初等几何研究	2015－02	58.00	444
十九和二十世纪欧氏几何学中的片段	2017－01	58.00	696
平面几何中考.高考.奥数一本通	2017－07	28.00	820
几何学简史	2017－08	28.00	833
四面体	2018－01	48.00	880
平面几何证明方法思路	2018－12	68.00	913
折纸中的几何练习	2022－09	48.00	1559
中学新几何学(英文)	2022－10	98.00	1562

刘培杰数学工作室
已出版(即将出版)图书目录——初等数学

书　　名	出 版 时 间	定　价	编号
平面几何图形特性新析.上篇	2019—01	68.00	911
平面几何图形特性新析.下篇	2018—06	88.00	912
平面几何范例多解探究.上篇	2018—04	48.00	910
平面几何范例多解探究.下篇	2018—12	68.00	914
从分析解题过程学解题:竞赛中的几何问题研究	2018—07	68.00	946
从分析解题过程学解题:竞赛中的向量几何与不等式研究(全2册)	2019—06	138.00	1090
从分析解题过程学解题:竞赛中的不等式问题	2021—01	48.00	1249
二维、三维欧氏几何的对偶原理	2018—12	38.00	990
星形大观及闭折线论	2019—03	68.00	1020
立体几何的问题和方法	2019—11	58.00	1127
三角代换论	2021—05	58.00	1313
俄罗斯平面几何问题集	2009—08	88.00	55
俄罗斯立体几何问题集	2014—03	58.00	283
俄罗斯几何大师——沙雷金论数学及其他	2014—01	48.00	271
来自俄罗斯的5000道几何习题及解答	2011—03	58.00	89
俄罗斯初等数学问题集	2012—05	38.00	177
俄罗斯函数问题集	2011—03	38.00	103
俄罗斯组合分析问题集	2011—01	48.00	79
俄罗斯初等数学万题选——三角卷	2012—11	38.00	222
俄罗斯初等数学万题选——代数卷	2013—08	68.00	225
俄罗斯初等数学万题选——几何卷	2014—01	68.00	226
俄罗斯《量子》杂志数学征解问题100题选	2018—08	48.00	969
俄罗斯《量子》杂志数学征解问题又100题选	2018—08	48.00	970
俄罗斯《量子》杂志数学征解问题	2020—05	48.00	1138
463个俄罗斯几何老问题	2012—01	28.00	152
《量子》数学短文精粹	2018—09	38.00	972
用三角、解析几何等计算解来自俄罗斯的几何题	2019—11	88.00	1119
基谢廖夫平面几何	2022—01	48.00	1461
数学:代数、数学分析和几何(10—11年级)	2021—01	48.00	1250
立体几何.10—11年级	2022—01	58.00	1472
直观几何学:5—6年级	2022—04	58.00	1508
平面几何:9—11年级	2022—10	48.00	1571
谈谈素数	2011—03	18.00	91
平方和	2011—03	18.00	92
整数论	2011—05	38.00	120
从整数谈起	2015—10	28.00	538
数与多项式	2016—01	38.00	558
谈谈不定方程	2011—05	28.00	119
质数漫谈	2022—07	68.00	1529
解析不等式新论	2009—06	68.00	48
建立不等式的方法	2011—03	98.00	104
数学奥林匹克不等式研究(第2版)	2020—07	68.00	1181
不等式研究(第二辑)	2012—02	68.00	153
不等式的秘密(第一卷)(第2版)	2014—02	38.00	286
不等式的秘密(第二卷)	2014—01	38.00	268
初等不等式的证明方法	2010—06	38.00	123
初等不等式的证明方法(第二版)	2014—11	38.00	407
不等式·理论·方法(基础卷)	2015—07	38.00	496
不等式·理论·方法(经典不等式卷)	2015—07	38.00	497
不等式·理论·方法(特殊类型不等式卷)	2015—07	48.00	498
不等式探究	2016—03	38.00	582
不等式探秘	2017—01	88.00	689
四面体不等式	2017—01	68.00	715
数学奥林匹克中常见重要不等式	2017—09	38.00	845

刘培杰数学工作室
已出版(即将出版)图书目录——初等数学

书 名	出版时间	定 价	编号
三正弦不等式	2018－09	98.00	974
函数方程与不等式:解法与稳定性结果	2019－04	68.00	1058
数学不等式. 第1卷,对称多项式不等式	2022－05	78.00	1455
数学不等式. 第2卷,对称有理不等式与对称无理不等式	2022－05	88.00	1456
数学不等式. 第3卷,循环不等式与非循环不等式	2022－05	88.00	1457
数学不等式. 第4卷,Jensen不等式的扩展与加细	2022－05	88.00	1458
数学不等式. 第5卷,创建不等式与解不等式的其他方法	2022－05	88.00	1459
同余理论	2012－05	38.00	163
$[x]$与$\{x\}$	2015－04	48.00	476
极值与最值. 上卷	2015－06	28.00	486
极值与最值. 中卷	2015－06	38.00	487
极值与最值. 下卷	2015－06	28.00	488
整数的性质	2012－11	38.00	192
完全平方数及其应用	2015－08	78.00	506
多项式理论	2015－10	88.00	541
奇数、偶数、奇偶分析法	2018－01	98.00	876
不定方程及其应用. 上	2018－12	58.00	992
不定方程及其应用. 中	2019－01	78.00	993
不定方程及其应用. 下	2019－02	98.00	994
Nesbitt不等式加强式的研究	2022－06	128.00	1527
最值定理与分析不等式	2023－02	78.00	1567
历届美国中学生数学竞赛试题及解答(第一卷)1950—1954	2014－07	18.00	277
历届美国中学生数学竞赛试题及解答(第二卷)1955—1959	2014－04	18.00	278
历届美国中学生数学竞赛试题及解答(第三卷)1960—1964	2014－06	18.00	279
历届美国中学生数学竞赛试题及解答(第四卷)1965—1969	2014－04	28.00	280
历届美国中学生数学竞赛试题及解答(第五卷)1970—1972	2014－06	18.00	281
历届美国中学生数学竞赛试题及解答(第六卷)1973—1980	2017－07	18.00	768
历届美国中学生数学竞赛试题及解答(第七卷)1981—1986	2015－01	18.00	424
历届美国中学生数学竞赛试题及解答(第八卷)1987—1990	2017－05	18.00	769
历届中国数学奥林匹克试题集(第3版)	2021－10	58.00	1440
历届加拿大数学奥林匹克试题集	2012－08	38.00	215
历届美国数学奥林匹克试题集:1972～2019	2020－04	88.00	1135
历届波兰数学竞赛试题集. 第1卷,1949～1963	2015－03	18.00	453
历届波兰数学竞赛试题集. 第2卷,1964～1976	2015－03	18.00	454
历届巴尔干数学奥林匹克试题集	2015－05	38.00	466
保加利亚数学奥林匹克	2014－10	38.00	393
圣彼得堡数学奥林匹克试题集	2015－01	38.00	429
匈牙利奥林匹克数学竞赛题解. 第1卷	2016－05	28.00	593
匈牙利奥林匹克数学竞赛题解. 第2卷	2016－05	28.00	594
历届美国数学邀请赛试题集(第2版)	2017－10	78.00	851
普林斯顿大学数学竞赛	2016－06	38.00	669
亚太地区数学奥林匹克竞赛题	2015－07	18.00	492
日本历届(初级)广中杯数学竞赛试题及解答. 第1卷(2000～2007)	2016－05	28.00	641
日本历届(初级)广中杯数学竞赛试题及解答. 第2卷(2008～2015)	2016－05	38.00	642
越南数学奥林匹克题选:1962－2009	2021－07	48.00	1370
360个数学竞赛问题	2016－08	58.00	677
奥数最佳实战题. 上卷	2017－06	38.00	760
奥数最佳实战题. 下卷	2017－05	58.00	761
哈尔滨市早期中学数学竞赛试题汇编	2016－07	28.00	672
全国高中数学联赛试题及解答:1981—2019(第4版)	2020－07	138.00	1176
2022年全国高中数学联合竞赛模拟题集	2022－06	30.00	1521
20世纪50年代全国部分城市数学竞赛试题汇编	2017－07	28.00	797

刘培杰数学工作室
已出版(即将出版)图书目录——初等数学

书　名	出版时间	定　价	编号
国内外数学竞赛题及精解:2018~2019	2020-08	45.00	1192
国内外数学竞赛题及精解:2019~2020	2021-11	58.00	1439
许康华竞赛优学精选集.第一辑	2018-08	68.00	949
天问叶班数学问题征解100题.Ⅰ,2016-2018	2019-05	88.00	1075
天问叶班数学问题征解100题.Ⅱ,2017-2019	2020-07	98.00	1177
美国初中数学竞赛:AMC8准备(共6卷)	2019-07	138.00	1089
美国高中数学竞赛:AMC10准备(共6卷)	2019-08	158.00	1105
王连笑教你怎样学数学:高考选择题解题策略与客观题实用训练	2014-01	48.00	262
王连笑教你怎样学数学:高考数学高层次讲座	2015-02	48.00	432
高考数学的理论与实践	2009-08	38.00	53
高考数学核心题型解题方法与技巧	2010-01	28.00	86
高考思维新平台	2014-03	38.00	259
高考数学压轴题解题诀窍(上)(第2版)	2018-01	58.00	874
高考数学压轴题解题诀窍(下)(第2版)	2018-01	48.00	875
北京市五区文科数学三年高考模拟题详解:2013~2015	2015-08	48.00	500
北京市五区理科数学三年高考模拟题详解:2013~2015	2015-09	68.00	505
向量法巧解数学高考题	2009-08	28.00	54
高中数学课堂教学的实践与反思	2021-11	48.00	791
数学高考参考	2016-01	78.00	589
新课程标准高考数学解答题各种题型解法指导	2020-08	78.00	1196
全国及各省市高考数学试题审题要津与解法研究	2015-02	48.00	450
高中数学章节起始课的教学研究与案例设计	2019-05	28.00	1064
新课标高考数学——五年试题分章详解(2007~2011)(上、下)	2011-10	78.00	140,141
全国中考数学压轴题审题要津与解法研究	2013-04	78.00	248
新编全国及各省市中考数学压轴题审题要津与解法研究	2014-05	58.00	342
全国及各省市5年中考数学压轴题审题要津与解法研究(2015版)	2015-04	58.00	462
中考数学专题总复习	2007-04	28.00	6
中考数学较难题常考题型解题方法与技巧	2016-09	48.00	681
中考数学难题常考题型解题方法与技巧	2016-09	48.00	682
中考数学中档题常考题型解题方法与技巧	2017-08	68.00	835
中考数学选择填空压轴好题妙解365	2017-05	38.00	759
中考数学:三类重点考题的解法例析与习题	2020-04	48.00	1140
中小学数学的历史文化	2019-11	48.00	1124
初中平面几何百题多思创新解	2020-01	58.00	1125
初中数学中考备考	2020-01	58.00	1126
高考数学之九章演义	2019-08	68.00	1044
高考数学之难题谈笑间	2022-06	68.00	1519
化学可以这样学:高中化学知识方法智慧感悟疑难辨析	2019-07	58.00	1103
如何成为学习高手	2019-09	58.00	1107
高考数学:经典真题分类解析	2020-04	78.00	1134
高考数学解答题破解策略	2020-11	58.00	1221
从分析解题过程学解题:高考压轴题与竞赛题之关系探究	2020-08	88.00	1179
教学新思考:单元整体视角下的初中数学教学设计	2021-03	58.00	1278
思维再拓展:2020年经典几何题的多解探究与思考	即将出版		1279
中考数学小压轴汇编初讲	2017-07	48.00	788
中考数学大压轴专题微言	2017-09	48.00	846
怎么解中考平面几何探索题	2019-06	48.00	1093
北京中考数学压轴题解题方法突破(第8版)	2022-11	78.00	1577
助你高考成功的数学解题智慧:知识是智慧的基础	2016-01	58.00	596
助你高考成功的数学解题智慧:错误是智慧的试金石	2016-04	58.00	643
助你高考成功的数学解题智慧:方法是智慧的推手	2016-04	68.00	657
高考数学奇思妙解	2016-04	38.00	610
高考数学解题策略	2016-05	48.00	670
数学解题泄天机(第2版)	2017-10	48.00	850

刘培杰数学工作室
已出版(即将出版)图书目录——初等数学

书　名	出版时间	定　价	编号
高考物理压轴题全解	2017—04	58.00	746
高中物理经典问题25讲	2017—05	28.00	764
高中物理教学讲义	2018—01	48.00	871
高中物理教学讲义:全模块	2022—03	98.00	1492
高中物理答疑解惑65篇	2021—11	48.00	1462
中学物理基础问题解析	2020—08	48.00	1183
2016年高考文科数学真题研究	2017—04	58.00	754
2016年高考理科数学真题研究	2017—04	78.00	755
2017年高考理科数学真题研究	2018—01	58.00	867
2017年高考文科数学真题研究	2018—01	48.00	868
初中数学、高中数学脱节知识补缺教材	2017—06	48.00	766
高考数学小题抢分必练	2017—10	48.00	834
高考数学核心素养解读	2017—09	38.00	839
高考数学客观题解题方法和技巧	2017—10	38.00	847
十年高考数学精品试题审题要津与解法研究	2021—10	98.00	1427
中国历届高考数学试题及解答.1949—1979	2018—01	38.00	877
历届中国高考数学试题及解答.第二卷,1980—1989	2018—10	28.00	975
历届中国高考数学试题及解答.第三卷,1990—1999	2018—10	48.00	976
数学文化与高考研究	2018—03	48.00	882
跟我学解高中数学题	2018—07	58.00	926
中学数学研究的方法及案例	2018—05	58.00	869
高考数学抢分技能	2018—07	68.00	934
高一新生常用数学方法和重要数学思想提升教材	2018—06	38.00	921
2018年高考数学真题研究	2019—01	68.00	1000
2019年高考数学真题研究	2020—05	88.00	1137
高考数学全国卷六道解答题常考题型解题诀窍:理科(全2册)	2019—07	78.00	1101
高考数学全国卷16道选择、填空题常考题型解题诀窍.理科	2018—09	88.00	971
高考数学全国卷16道选择、填空题常考题型解题诀窍.文科	2020—01	88.00	1123
高中数学一题多解	2019—06	58.00	1087
历届中国高考数学试题及解答:1917—1999	2021—08	98.00	1371
2000~2003年全国及各省市高考数学试题及解答	2022—05	88.00	1499
2004年全国及各省市高考数学试题及解答	2022—07	78.00	1500
突破高原:高中数学解题思维探究	2021—08	48.00	1375
高考数学中的"取值范围"	2021—10	48.00	1429
新课程标准高中数学各种题型解法大全.必修一分册	2021—06	58.00	1315
新课程标准高中数学各种题型解法大全.必修二分册	2022—01	68.00	1471
高中数学各种题型解法大全.选择性必修一分册	2022—06	68.00	1525

书　名	出版时间	定　价	编号
新编640个世界著名数学智力趣题	2014—01	88.00	242
500个最新世界著名数学智力趣题	2008—06	48.00	3
400个最新世界著名数学最值问题	2008—09	48.00	36
500个世界著名数学征解问题	2009—06	48.00	52
400个中国最佳初等数学征解老问题	2010—01	48.00	60
500个俄罗斯数学经典老题	2011—01	28.00	81
1000个国外中学物理好题	2012—04	48.00	174
300个日本高考数学题	2012—05	38.00	142
700个早期日本高考数学试题	2017—02	88.00	752
500个前苏联早期高考数学试题及解答	2012—05	28.00	185
546个早期俄罗斯大学生数学竞赛题	2014—03	38.00	285
548个来自美苏的数学好问题	2014—11	28.00	396
20所苏联著名大学早期入学试题	2015—02	18.00	452
161道德国工科大学生必做的微分方程习题	2015—05	28.00	469
500个德国工科大学生必做的高数习题	2015—06	28.00	478
360个数学竞赛问题	2016—08	58.00	677
200个趣味数学故事	2018—02	48.00	857
470个数学奥林匹克中的最值问题	2018—10	88.00	985
德国讲义日本考题.微积分卷	2015—04	48.00	456
德国讲义日本考题.微分方程卷	2015—04	38.00	457
二十世纪中叶中、英、美、日、法、俄高考数学试题精选	2017—06	38.00	783

刘培杰数学工作室
已出版（即将出版）图书目录——初等数学

书　　名	出版时间	定　价	编号
中国初等数学研究　2009 卷(第 1 辑)	2009－05	20.00	45
中国初等数学研究　2010 卷(第 2 辑)	2010－05	30.00	68
中国初等数学研究　2011 卷(第 3 辑)	2011－07	60.00	127
中国初等数学研究　2012 卷(第 4 辑)	2012－07	48.00	190
中国初等数学研究　2014 卷(第 5 辑)	2014－02	48.00	288
中国初等数学研究　2015 卷(第 6 辑)	2015－06	68.00	493
中国初等数学研究　2016 卷(第 7 辑)	2016－04	68.00	609
中国初等数学研究　2017 卷(第 8 辑)	2017－01	98.00	712
初等数学研究在中国.第 1 辑	2019－03	158.00	1024
初等数学研究在中国.第 2 辑	2019－10	158.00	1116
初等数学研究在中国.第 3 辑	2021－05	158.00	1306
初等数学研究在中国.第 4 辑	2022－06	158.00	1520
几何变换(Ⅰ)	2014－07	28.00	353
几何变换(Ⅱ)	2015－06	28.00	354
几何变换(Ⅲ)	2015－01	38.00	355
几何变换(Ⅳ)	2015－12	38.00	356
初等数论难题集(第一卷)	2009－05	68.00	44
初等数论难题集(第二卷)(上、下)	2011－02	128.00	82,83
数论概貌	2011－03	18.00	93
代数数论(第二版)	2013－08	58.00	94
代数多项式	2014－06	38.00	289
初等数论的知识与问题	2011－02	28.00	95
超越数论基础	2011－03	28.00	96
数论初等教程	2011－03	28.00	97
数论基础	2011－03	18.00	98
数论基础与维诺格拉多夫	2014－03	18.00	292
解析数论基础	2012－08	28.00	216
解析数论基础(第二版)	2014－01	48.00	287
解析数论问题集(第二版)(原版引进)	2014－05	88.00	343
解析数论问题集(第二版)(中译本)	2016－04	88.00	607
解析数论基础(潘承洞,潘承彪著)	2016－07	98.00	673
解析数论导引	2016－07	58.00	674
数论入门	2011－03	38.00	99
代数数论入门	2015－03	38.00	448
数论开篇	2012－07	28.00	194
解析数论引论	2011－03	48.00	100
Barban Davenport Halberstam 均值和	2009－01	40.00	33
基础数论	2011－03	28.00	101
初等数论 100 例	2011－05	18.00	122
初等数论经典例题	2012－07	18.00	204
最新世界各国数学奥林匹克中的初等数论试题(上、下)	2012－01	138.00	144,145
初等数论(Ⅰ)	2012－01	18.00	156
初等数论(Ⅱ)	2012－01	18.00	157
初等数论(Ⅲ)	2012－01	28.00	158

书　　名	出版时间	定　价	编号
平面几何与数论中未解决的新老问题	2013－01	68.00	229
代数数论简史	2014－11	28.00	408
代数数论	2015－09	88.00	532
代数、数论及分析习题集	2016－11	98.00	695
数论导引提要及习题解答	2016－01	48.00	559
素数定理的初等证明.第2版	2016－09	48.00	686
数论中的模函数与狄利克雷级数(第二版)	2017－11	78.00	837
数论:数学导引	2018－01	68.00	849
范氏大代数	2019－02	98.00	1016
解析数学讲义.第一卷,导来式及微分、积分、级数	2019－04	88.00	1021
解析数学讲义.第二卷,关于几何的应用	2019－04	68.00	1022
解析数学讲义.第三卷,解析函数论	2019－04	78.00	1023
分析·组合·数论纵横谈	2019－04	58.00	1039
Hall代数:民国时期的中学数学课本:英文	2019－08	88.00	1106
基谢廖夫初等代数	2022－07	38.00	1531
数学精神巡礼	2019－01	58.00	731
数学眼光透视(第2版)	2017－06	78.00	732
数学思想领悟(第2版)	2018－01	68.00	733
数学方法溯源(第2版)	2018－08	68.00	734
数学解题引论	2017－05	58.00	735
数学史话览胜(第2版)	2017－01	48.00	736
数学应用展观(第2版)	2017－08	68.00	737
数学建模尝试	2018－04	48.00	738
数学竞赛采风	2018－01	68.00	739
数学测评探营	2019－05	58.00	740
数学技能操握	2018－03	48.00	741
数学欣赏拾趣	2018－02	48.00	742
从毕达哥拉斯到怀尔斯	2007－10	48.00	9
从迪利克雷到维斯卡尔迪	2008－01	48.00	21
从哥德巴赫到陈景润	2008－05	98.00	35
从庞加莱到佩雷尔曼	2011－08	138.00	136
博弈论精粹	2008－03	58.00	30
博弈论精粹.第二版(精装)	2015－01	88.00	461
数学 我爱你	2008－01	28.00	20
精神的圣徒　别样的人生——60位中国数学家成长的历程	2008－09	48.00	39
数学史概论	2009－06	78.00	50
数学史概论(精装)	2013－03	158.00	272
数学史选讲	2016－01	48.00	544
斐波那契数列	2010－02	28.00	65
数学拼盘和斐波那契魔方	2010－07	38.00	72
斐波那契数列欣赏(第2版)	2018－08	58.00	948
Fibonacci数列中的明珠	2018－06	58.00	928
数学的创造	2011－02	48.00	85
数学美与创造力	2016－01	48.00	595
数海拾贝	2016－01	48.00	590
数学中的美(第2版)	2019－04	68.00	1057
数论中的美学	2014－12	38.00	351

书 名	出版时间	定 价	编号
数学王者 科学巨人——高斯	2015—01	28.00	428
振兴祖国数学的圆梦之旅:中国初等数学研究史话	2015—06	98.00	490
二十世纪中国数学史料研究	2015—10	48.00	536
数字谜、数阵图与棋盘覆盖	2016—01	58.00	298
时间的形状	2016—01	38.00	556
数学发现的艺术:数学探索中的合情推理	2016—07	58.00	671
活跃在数学中的参数	2016—07	48.00	675
数海趣史	2021—05	98.00	1314
数学解题——靠数学思想给力(上)	2011—07	38.00	131
数学解题——靠数学思想给力(中)	2011—07	48.00	132
数学解题——靠数学思想给力(下)	2011—07	38.00	133
我怎样解题	2013—01	48.00	227
数学解题中的物理方法	2011—06	28.00	114
数学解题的特殊方法	2011—06	48.00	115
中学数学计算技巧(第2版)	2020—10	48.00	1220
中学数学证明方法	2012—01	58.00	117
数学趣题巧解	2012—03	28.00	128
高中数学教学通鉴	2015—05	58.00	479
和高中生漫谈:数学与哲学的故事	2014—08	28.00	369
算术问题集	2017—03	38.00	789
张教授讲数学	2018—07	38.00	933
陈永明实话实说数学教学	2020—04	68.00	1132
中学数学学科知识与教学能力	2020—06	58.00	1155
怎样把课讲好:大罕数学教学随笔	2022—03	58.00	1484
中国高考评价体系下高考数学探秘	2022—03	48.00	1487
自主招生考试中的参数方程问题	2015—01	28.00	435
自主招生考试中的极坐标问题	2015—04	28.00	463
近年全国重点大学自主招生数学试题全解及研究.华约卷	2015—02	38.00	441
近年全国重点大学自主招生数学试题全解及研究.北约卷	2016—05	38.00	619
自主招生数学解证宝典	2015—09	48.00	535
中国科学技术大学创新班数学真题解析	2022—03	48.00	1488
中国科学技术大学创新班物理真题解析	2022—03	58.00	1489
格点和面积	2012—07	18.00	191
射影几何趣谈	2012—04	28.00	175
斯潘纳尔引理——从一道加拿大数学奥林匹克试题谈起	2014—01	28.00	228
李普希兹条件——从几道近年高考数学试题谈起	2012—10	18.00	221
拉格朗日中值定理——从一道北京高考试题的解法谈起	2015—10	18.00	197
闵科夫斯基定理——从一道清华大学自主招生试题谈起	2014—01	28.00	198
哈尔测度——从一道冬令营试题的背景谈起	2012—08	28.00	202
切比雪夫逼近问题——从一道中国台北数学奥林匹克试题谈起	2013—04	38.00	238
伯恩斯坦多项式与贝齐尔曲面——从一道全国高中数学联赛试题谈起	2013—03	38.00	236
卡塔兰猜想——从一道普特南竞赛试题谈起	2013—06	18.00	256
麦卡锡函数和阿克曼函数——从一道前南斯拉夫数学奥林匹克试题谈起	2012—08	18.00	201
贝蒂定理与拉姆贝克莫斯尔定理——从一个拣石子游戏谈起	2012—08	18.00	217
皮亚诺曲线和豪斯道夫分球定理——从无限集谈起	2012—08	18.00	211
平面凸图形与凸多面体	2012—10	28.00	218
斯坦因豪斯问题——从一道二十五省市自治区中学数学竞赛试题谈起	2012—07	18.00	196

刘培杰数学工作室
已出版(即将出版)图书目录——初等数学

书　名	出版时间	定　价	编号
纽结理论中的亚历山大多项式与琼斯多项式——从一道北京市高一数学竞赛试题谈起	2012－07	28.00	195
原则与策略——从波利亚"解题表"谈起	2013－04	38.00	244
转化与化归——从三大尺规作图不能问题谈起	2012－08	28.00	214
代数几何中的贝祖定理(第一版)——从一道 IMO 试题的解法谈起	2013－08	18.00	193
成功连贯理论与约当块理论——从一道比利时数学竞赛试题谈起	2012－04	18.00	180
素数判定与大数分解	2014－08	18.00	199
置换多项式及其应用	2012－10	18.00	220
椭圆函数与模函数——从一道美国加州大学洛杉矶分校(UCLA)博士资格考题谈起	2012－10	28.00	219
差分方程的拉格朗日方法——从一道 2011 年全国高考理科试题的解法谈起	2012－08	28.00	200
力学在几何中的一些应用	2013－01	38.00	240
从根式解到伽罗华理论	2020－01	48.00	1121
康托洛维奇不等式——从一道全国高中联赛试题谈起	2013－03	28.00	337
西格尔引理——从一道第 18 届 IMO 试题的解法谈起	即将出版		
罗斯定理——从一道前苏联数学竞赛试题谈起	即将出版		
拉克斯定理和阿廷定理——从一道 IMO 试题的解法谈起	2014－01	58.00	246
毕卡大定理——从一道美国大学数学竞赛试题谈起	2014－07	18.00	350
贝齐尔曲线——从一道全国高中联赛试题谈起	即将出版		
拉格朗日乘子定理——从一道 2005 年全国高中联赛试题的高等数学解法谈起	2015－05	28.00	480
雅可比定理——从一道日本数学奥林匹克试题谈起	2013－04	48.00	249
李天岩—约克定理——从一道波兰数学竞赛试题谈起	2014－06	28.00	349
整系数多项式因式分解的一般方法——从克朗耐克算法谈起	即将出版		
布劳维不动点定理——从一道前苏联数学奥林匹克试题谈起	2014－01	38.00	273
伯恩赛德定理——从一道英国数学奥林匹克试题谈起	即将出版		
布查特-莫斯特定理——从一道上海市初中竞赛试题谈起	即将出版		
数论中的同余数问题——从一道普林南竞赛试题谈起	即将出版		
范·德蒙行列式——从一道美国数学奥林匹克试题谈起	即将出版		
中国剩余定理:总数法构建中国历史年表	2015－01	28.00	430
牛顿程序与方程求根——从一道全国高考试题解法谈起	即将出版		
库默尔定理——从一道 IMO 试题的解法谈起	即将出版		
卢丁定理——从一道冬令营试题的解法谈起	即将出版		
沃斯滕霍姆定理——从一道 IMO 预选试题谈起	即将出版		
卡尔松不等式——从一道莫斯科数学奥林匹克试题谈起	即将出版		
信息论中的香农熵——从一道近年高考压轴题谈起	即将出版		
约当不等式——从一道希望杯竞赛试题谈起	即将出版		
拉比诺维奇定理	即将出版		
刘维尔定理——从一道《美国数学月刊》征解问题的解法谈起	即将出版		
卡塔兰恒等式与级数求和——从一道 IMO 试题的解法谈起	即将出版		
勒让德猜想与素数分布——从一道爱尔兰竞赛试题谈起	即将出版		
天平称重与信息论——从一道基辅市数学奥林匹克试题谈起	即将出版		
哈密尔顿—凯莱定理:从一道高中数学联赛试题的解法谈起	2014－09	18.00	376
艾思特曼定理——从一道 CMO 试题的解法谈起	即将出版		

刘培杰数学工作室
已出版(即将出版)图书目录——初等数学

书　　　名	出 版 时 间	定　价	编号
阿贝尔恒等式与经典不等式及应用	2018—06	98.00	923
迪利克雷除数问题	2018—07	48.00	930
幻方、幻立方与拉丁方	2019—08	48.00	1092
帕斯卡三角形	2014—03	18.00	294
蒲丰投针问题——从2009年清华大学的一道自主招生试题谈起	2014—01	38.00	295
斯图姆定理——从一道"华约"自主招生试题的解法谈起	2014—01	18.00	296
许瓦兹引理——从一道加利福尼亚大学伯克利分校数学系博士生试题谈起	2014—08	18.00	297
拉姆塞定理——从王诗宬院士的一个问题谈起	2016—04	48.00	299
坐标法	2013—12	28.00	332
数论三角形	2014—04	38.00	341
毕克定理	2014—07	18.00	352
数林掠影	2014—09	48.00	389
我们周围的概率	2014—10	38.00	390
凸函数最值定理:从一道华约自主招生题的解法谈起	2014—10	28.00	391
易学与数学奥林匹克	2014—10	38.00	392
生物数学趣谈	2015—01	18.00	409
反演	2015—01	28.00	420
因式分解与圆锥曲线	2015—01	18.00	426
轨迹	2015—01	28.00	427
面积原理:从常庚哲命的一道CMO试题的积分解法谈起	2015—01	48.00	431
形形色色的不动点定理:从一道28届IMO试题谈起	2015—01	38.00	439
柯西函数方程:从一道上海交大自主招生的试题谈起	2015—02	28.00	440
三角恒等式	2015—02	28.00	442
无理性判定:从一道2014年"北约"自主招生试题谈起	2015—01	38.00	443
数学归纳法	2015—03	18.00	451
极端原理与解题	2015—04	28.00	464
法雷级数	2014—08	18.00	367
摆线族	2015—01	38.00	438
函数方程及其解法	2015—05	38.00	470
含参数的方程和不等式	2012—09	28.00	213
希尔伯特第十问题	2016—01	38.00	543
无穷小量的求和	2016—01	28.00	545
切比雪夫多项式:从一道清华大学金秋营试题谈起	2016—01	38.00	583
泽肯多夫定理	2016—03	38.00	599
代数等式证题法	2016—01	28.00	600
三角等式证题法	2016—01	-28.00	601
吴大任教授藏书中的一个因式分解公式:从一道美国数学邀请赛试题的解法谈起	2016—06	28.00	656
易卦——类万物的数学模型	2017—08	68.00	838
"不可思议"的数与数系可持续发展	2018—01	38.00	878
最短线	2018—01	38.00	879
数学在天文、地理、光学、机械力学中的一些应用	2023—03	88.00	1576
幻方和魔方(第一卷)	2012—05	68.00	173
尘封的经典——初等数学经典文献选读(第一卷)	2012—07	48.00	205
尘封的经典——初等数学经典文献选读(第二卷)	2012—07	38.00	206
初级方程式论	2011—03	28.00	106
初等数学研究(Ⅰ)	2008—09	68.00	37
初等数学研究(Ⅱ)(上、下)	2009—05	118.00	46,47
初等数学专题研究	2022—10	68.00	1568

刘培杰数学工作室
已出版(即将出版)图书目录——初等数学

书　名	出版时间	定　价	编号
趣味初等方程妙题集锦	2014－09	48.00	388
趣味初等数论选美与欣赏	2015－02	48.00	445
耕读笔记(上卷):一位农民数学爱好者的初数探索	2015－04	28.00	459
耕读笔记(中卷):一位农民数学爱好者的初数探索	2015－05	28.00	483
耕读笔记(下卷):一位农民数学爱好者的初数探索	2015－05	28.00	484
几何不等式研究与欣赏.上卷	2016－01	88.00	547
几何不等式研究与欣赏.下卷	2016－01	48.00	552
初等数列研究与欣赏·上	2016－01	48.00	570
初等数列研究与欣赏·下	2016－01	48.00	571
趣味初等函数研究与欣赏.上	2016－09	48.00	684
趣味初等函数研究与欣赏.下	2018－09	48.00	685
三角不等式研究与欣赏	2020－10	68.00	1197
新编平面解析几何解题方法研究与欣赏	2021－10	78.00	1426
火柴游戏(第2版)	2022－05	38.00	1493
智力解谜.第1卷	2017－07	38.00	613
智力解谜.第2卷	2017－07	38.00	614
故事智力	2016－07	48.00	615
名人们喜欢的智力问题	2020－01	48.00	616
数学大师的发现、创造与失误	2018－01	48.00	617
异曲同工	2018－09	48.00	618
数学的味道	2018－01	58.00	798
数学千字文	2018－10	68.00	977
数贝偶拾——高考数学题研究	2014－04	28.00	274
数贝偶拾——初等数学研究	2014－04	38.00	275
数贝偶拾——奥数题研究	2014－04	48.00	276
钱昌本教你快乐学数学(上)	2011－12	48.00	155
钱昌本教你快乐学数学(下)	2012－03	58.00	171
集合、函数与方程	2014－01	28.00	300
数列与不等式	2014－01	38.00	301
三角与平面向量	2014－01	28.00	302
平面解析几何	2014－01	38.00	303
立体几何与组合	2014－01	28.00	304
极限与导数、数学归纳法	2014－01	38.00	305
趣味数学	2014－03	28.00	306
教材教法	2014－04	68.00	307
自主招生	2014－05	58.00	308
高考压轴题(上)	2015－01	48.00	309
高考压轴题(下)	2014－10	68.00	310
从费马到怀尔斯——费马大定理的历史	2013－10	198.00	I
从庞加莱到佩雷尔曼——庞加莱猜想的历史	2013－10	298.00	II
从切比雪夫到爱尔特希(上)——素数定理的初等证明	2013－07	48.00	III
从切比雪夫到爱尔特希(下)——素数定理100年	2012－12	98.00	III
从高斯到盖尔方特——二次域的高斯猜想	2013－10	198.00	IV
从库默尔到朗兰兹——朗兰兹猜想的历史	2014－01	98.00	V
从比勃巴赫到德布朗斯——比勃巴赫猜想的历史	2014－02	298.00	VI
从麦比乌斯到陈省身——麦比乌斯变换与麦比乌斯带	2014－02	298.00	VII
从布尔到豪斯道夫——布尔方程与格论漫谈	2013－10	198.00	VIII
从开普勒到阿诺德——三体问题的历史	2014－05	298.00	IX
从华林到华罗庚——华林问题的历史	2013－10	298.00	X

刘培杰数学工作室
已出版(即将出版)图书目录——初等数学

书　名	出版时间	定价	编号
美国高中数学竞赛五十讲.第1卷(英文)	2014—08	28.00	357
美国高中数学竞赛五十讲.第2卷(英文)	2014—08	28.00	358
美国高中数学竞赛五十讲.第3卷(英文)	2014—09	28.00	359
美国高中数学竞赛五十讲.第4卷(英文)	2014—09	28.00	360
美国高中数学竞赛五十讲.第5卷(英文)	2014—10	28.00	361
美国高中数学竞赛五十讲.第6卷(英文)	2014—11	28.00	362
美国高中数学竞赛五十讲.第7卷(英文)	2014—12	28.00	363
美国高中数学竞赛五十讲.第8卷(英文)	2015—01	28.00	364
美国高中数学竞赛五十讲.第9卷(英文)	2015—01	28.00	365
美国高中数学竞赛五十讲.第10卷(英文)	2015—02	38.00	366
三角函数(第2版)	2017—04	38.00	626
不等式	2014—01	38.00	312
数列	2014—01	38.00	313
方程(第2版)	2017—04	38.00	624
排列和组合	2014—01	28.00	315
极限与导数(第2版)	2016—04	38.00	635
向量(第2版)	2018—08	58.00	627
复数及其应用	2014—08	28.00	318
函数	2014—01	38.00	319
集合	2020—01	48.00	320
直线与平面	2014—01	28.00	321
立体几何(第2版)	2016—04	38.00	629
解三角形	即将出版		323
直线与圆(第2版)	2016—11	38.00	631
圆锥曲线(第2版)	2016—09	48.00	632
解题通法(一)	2014—07	38.00	326
解题通法(二)	2014—07	38.00	327
解题通法(三)	2014—05	38.00	328
概率与统计	2014—01	28.00	329
信息迁移与算法	即将出版		330
IMO 50 年.第1卷(1959—1963)	2014—11	28.00	377
IMO 50 年.第2卷(1964—1968)	2014—11	28.00	378
IMO 50 年.第3卷(1969—1973)	2014—09	28.00	379
IMO 50 年.第4卷(1974—1978)	2016—04	38.00	380
IMO 50 年.第5卷(1979—1984)	2015—04	38.00	381
IMO 50 年.第6卷(1985—1989)	2015—04	58.00	382
IMO 50 年.第7卷(1990—1994)	2016—01	48.00	383
IMO 50 年.第8卷(1995—1999)	2016—06	38.00	384
IMO 50 年.第9卷(2000—2004)	2015—04	58.00	385
IMO 50 年.第10卷(2005—2009)	2016—01	48.00	386
IMO 50 年.第11卷(2010—2015)	2017—03	48.00	646

刘培杰数学工作室
已出版(即将出版)图书目录——初等数学

书　名	出版时间	定　价	编号
数学反思(2006—2007)	2020—09	88.00	915
数学反思(2008—2009)	2019—01	68.00	917
数学反思(2010—2011)	2018—05	58.00	916
数学反思(2012—2013)	2019—01	58.00	918
数学反思(2014—2015)	2019—03	78.00	919
数学反思(2016—2017)	2021—03	58.00	1286
历届美国大学生数学竞赛试题集.第一卷(1938—1949)	2015—01	28.00	397
历届美国大学生数学竞赛试题集.第二卷(1950—1959)	2015—01	28.00	398
历届美国大学生数学竞赛试题集.第三卷(1960—1969)	2015—01	28.00	399
历届美国大学生数学竞赛试题集.第四卷(1970—1979)	2015—01	18.00	400
历届美国大学生数学竞赛试题集.第五卷(1980—1989)	2015—01	28.00	401
历届美国大学生数学竞赛试题集.第六卷(1990—1999)	2015—01	28.00	402
历届美国大学生数学竞赛试题集.第七卷(2000—2009)	2015—08	18.00	403
历届美国大学生数学竞赛试题集.第八卷(2010—2012)	2015—01	18.00	404
新课标高考数学创新题解题诀窍:总论	2014—09	28.00	372
新课标高考数学创新题解题诀窍:必修1～5分册	2014—08	38.00	373
新课标高考数学创新题解题诀窍:选修2—1,2—2,1—1,1—2分册	2014—09	38.00	374
新课标高考数学创新题解题诀窍:选修2—3,4—4,4—5分册	2014—09	18.00	375
全国重点大学自主招生英文数学试题全攻略:词汇卷	2015—07	48.00	410
全国重点大学自主招生英文数学试题全攻略:概念卷	2015—01	28.00	411
全国重点大学自主招生英文数学试题全攻略:文章选读卷(上)	2016—09	38.00	412
全国重点大学自主招生英文数学试题全攻略:文章选读卷(下)	2017—01	58.00	413
全国重点大学自主招生英文数学试题全攻略:试题卷	2015—07	38.00	414
全国重点大学自主招生英文数学试题全攻略:名著欣赏卷	2017—03	48.00	415
劳埃德数学趣题大全.题目卷.1:英文	2016—01	18.00	516
劳埃德数学趣题大全.题目卷.2:英文	2016—01	18.00	517
劳埃德数学趣题大全.题目卷.3:英文	2016—01	18.00	518
劳埃德数学趣题大全.题目卷.4:英文	2016—01	18.00	519
劳埃德数学趣题大全.题目卷.5:英文	2016—01	18.00	520
劳埃德数学趣题大全.答案卷:英文	2016—01	18.00	521
李成章教练奥数笔记.第1卷	2016—01	48.00	522
李成章教练奥数笔记.第2卷	2016—01	48.00	523
李成章教练奥数笔记.第3卷	2016—01	38.00	524
李成章教练奥数笔记.第4卷	2016—01	38.00	525
李成章教练奥数笔记.第5卷	2016—01	38.00	526
李成章教练奥数笔记.第6卷	2016—01	38.00	527
李成章教练奥数笔记.第7卷	2016—01	38.00	528
李成章教练奥数笔记.第8卷	2016—01	48.00	529
李成章教练奥数笔记.第9卷	2016—01	28.00	530

刘培杰数学工作室
已出版(即将出版)图书目录——初等数学

书　名	出 版 时 间	定 价	编号
第19~23届"希望杯"全国数学邀请赛试题审题要津详细评注(初一版)	2014－03	28.00	333
第19~23届"希望杯"全国数学邀请赛试题审题要津详细评注(初二、初三版)	2014－03	38.00	334
第19~23届"希望杯"全国数学邀请赛试题审题要津详细评注(高一版)	2014－03	28.00	335
第19~23届"希望杯"全国数学邀请赛试题审题要津详细评注(高二版)	2014－03	38.00	336
第19~23届"希望杯"全国数学邀请赛试题审题要津详细评注(初一版)	2015－01	38.00	416
第19~23届"希望杯"全国数学邀请赛试题审题要津详细评注(初二、初三版)	2015－01	58.00	417
第19~25届"希望杯"全国数学邀请赛试题审题要津详细评注(高一版)	2015－01	48.00	418
第19~25届"希望杯"全国数学邀请赛试题审题要津详细评注(高二版)	2015－01	48.00	419
物理奥林匹克竞赛大题典——力学卷	2014－11	48.00	405
物理奥林匹克竞赛大题典——热学卷	2014－04	28.00	339
物理奥林匹克竞赛大题典——电磁学卷	2015－07	48.00	406
物理奥林匹克竞赛大题典——光学与近代物理卷	2014－06	28.00	345
历届中国东南地区数学奥林匹克试题集(2004~2012)	2014－06	18.00	346
历届中国西部地区数学奥林匹克试题集(2001~2012)	2014－07	18.00	347
历届中国女子数学奥林匹克试题集(2002~2012)	2014－08	18.00	348
数学奥林匹克在中国	2014－06	98.00	344
数学奥林匹克问题集	2014－01	38.00	267
数学奥林匹克不等式散论	2010－06	38.00	124
数学奥林匹克不等式欣赏	2011－09	38.00	138
数学奥林匹克超级题库(初中卷上)	2010－01	58.00	66
数学奥林匹克不等式证明方法和技巧(上、下)	2011－08	158.00	134,135
他们学什么:原民主德国中学数学课本	2016－09	38.00	658
他们学什么:英国中学数学课本	2016－09	38.00	659
他们学什么:法国中学数学课本.1	2016－09	38.00	660
他们学什么:法国中学数学课本.2	2016－09	28.00	661
他们学什么:法国中学数学课本.3	2016－09	38.00	662
他们学什么:苏联中学数学课本	2016－09	28.00	679
高中数学题典——集合与简易逻辑·函数	2016－07	48.00	647
高中数学题典——导数	2016－07	48.00	648
高中数学题典——三角函数·平面向量	2016－07	48.00	649
高中数学题典——数列	2016－07	58.00	650
高中数学题典——不等式·推理与证明	2016－07	38.00	651
高中数学题典——立体几何	2016－07	48.00	652
高中数学题典——平面解析几何	2016－07	78.00	653
高中数学题典——计数原理·统计·概率·复数	2016－07	48.00	654
高中数学题典——算法·平面几何·初等数论·组合数学·其他	2016－07	68.00	655

刘培杰数学工作室
已出版(即将出版)图书目录——初等数学

书　名	出版时间	定　价	编号
台湾地区奥林匹克数学竞赛试题.小学一年级	2017－03	38.00	722
台湾地区奥林匹克数学竞赛试题.小学二年级	2017－03	38.00	723
台湾地区奥林匹克数学竞赛试题.小学三年级	2017－03	38.00	724
台湾地区奥林匹克数学竞赛试题.小学四年级	2017－03	38.00	725
台湾地区奥林匹克数学竞赛试题.小学五年级	2017－03	38.00	726
台湾地区奥林匹克数学竞赛试题.小学六年级	2017－03	38.00	727
台湾地区奥林匹克数学竞赛试题.初中一年级	2017－03	38.00	728
台湾地区奥林匹克数学竞赛试题.初中二年级	2017－03	38.00	729
台湾地区奥林匹克数学竞赛试题.初中三年级	2017－03	28.00	730
不等式证题法	2017－04	28.00	747
平面几何培优教程	2019－08	88.00	748
奥数鼎级培优教程.高一分册	2018－09	88.00	749
奥数鼎级培优教程.高二分册.上	2018－04	68.00	750
奥数鼎级培优教程.高二分册.下	2018－04	68.00	751
高中数学竞赛冲刺宝典	2019－04	68.00	883
初中尖子生数学超级题典.实数	2017－07	58.00	792
初中尖子生数学超级题典.式、方程与不等式	2017－08	58.00	793
初中尖子生数学超级题典.圆、面积	2017－08	38.00	794
初中尖子生数学超级题典.函数、逻辑推理	2017－08	48.00	795
初中尖子生数学超级题典.角、线段、三角形与多边形	2017－07	58.00	796
数学王子——高斯	2018－01	48.00	858
坎坷奇星——阿贝尔	2018－01	48.00	859
闪烁奇星——伽罗瓦	2018－01	58.00	860
无穷统帅——康托尔	2018－01	48.00	861
科学公主——柯瓦列夫斯卡娅	2018－01	48.00	862
抽象代数之母——埃米·诺特	2018－01	48.00	863
电脑先驱——图灵	2018－01	58.00	864
昔日神童——维纳	2018－01	48.00	865
数坛怪侠——爱尔特希	2018－01	68.00	866
传奇数学家徐利治	2019－09	88.00	1110
当代世界中的数学.数学思想与数学基础	2019－01	38.00	892
当代世界中的数学.数学问题	2019－01	38.00	893
当代世界中的数学.应用数学与数学应用	2019－01	38.00	894
当代世界中的数学.数学王国的新疆域(一)	2019－01	38.00	895
当代世界中的数学.数学王国的新疆域(二)	2019－01	38.00	896
当代世界中的数学.数林撷英(一)	2019－01	38.00	897
当代世界中的数学.数林撷英(二)	2019－01	48.00	898
当代世界中的数学.数学之路	2019－01	38.00	899

刘培杰数学工作室
已出版(即将出版)图书目录——初等数学

书　名	出版时间	定　价	编号
105 个代数问题:来自 AwesomeMath 夏季课程	2019－02	58.00	956
106 个几何问题:来自 AwesomeMath 夏季课程	2020－07	58.00	957
107 个几何问题:来自 AwesomeMath 全年课程	2020－07	58.00	958
108 个代数问题:来自 AwesomeMath 全年课程	2019－01	68.00	959
109 个不等式:来自 AwesomeMath 夏季课程	2019－04	58.00	960
国际数学奥林匹克中的 110 个几何问题	即将出版		961
111 个代数和数论问题	2019－05	58.00	962
112 个组合问题:来自 AwesomeMath 夏季课程	2019－05	58.00	963
113 个几何不等式:来自 AwesomeMath 夏季课程	2020－08	58.00	964
114 个指数和对数问题:来自 AwesomeMath 夏季课程	2019－09	48.00	965
115 个三角问题:来自 AwesomeMath 夏季课程	2019－09	58.00	966
116 个代数不等式:来自 AwesomeMath 全年课程	2019－04	58.00	967
117 个多项式问题:来自 AwesomeMath 夏季课程	2021－09	58.00	1409
118 个数学竞赛不等式	2022－08	78.00	1526
紫色彗星国际数学竞赛试题	2019－02	58.00	999
数学竞赛中的数学:为数学爱好者、父母、教师和教练准备的丰富资源.第一部	2020－04	58.00	1141
数学竞赛中的数学:为数学爱好者、父母、教师和教练准备的丰富资源.第二部	2020－07	48.00	1142
和与积	2020－10	38.00	1219
数论:概念和问题	2020－12	68.00	1257
初等数学问题研究	2021－03	48.00	1270
数学奥林匹克中的欧几里得几何	2021－10	68.00	1413
数学奥林匹克题解新编	2022－01	58.00	1430
图论入门	2022－09	58.00	1554
澳大利亚中学数学竞赛试题及解答(初级卷)1978～1984	2019－02	28.00	1002
澳大利亚中学数学竞赛试题及解答(初级卷)1985～1991	2019－02	28.00	1003
澳大利亚中学数学竞赛试题及解答(初级卷)1992～1998	2019－02	28.00	1004
澳大利亚中学数学竞赛试题及解答(初级卷)1999～2005	2019－02	28.00	1005
澳大利亚中学数学竞赛试题及解答(中级卷)1978～1984	2019－03	28.00	1006
澳大利亚中学数学竞赛试题及解答(中级卷)1985～1991	2019－03	28.00	1007
澳大利亚中学数学竞赛试题及解答(中级卷)1992～1998	2019－03	28.00	1008
澳大利亚中学数学竞赛试题及解答(中级卷)1999～2005	2019－03	28.00	1009
澳大利亚中学数学竞赛试题及解答(高级卷)1978～1984	2019－05	28.00	1010
澳大利亚中学数学竞赛试题及解答(高级卷)1985～1991	2019－05	28.00	1011
澳大利亚中学数学竞赛试题及解答(高级卷)1992～1998	2019－05	28.00	1012
澳大利亚中学数学竞赛试题及解答(高级卷)1999～2005	2019－05	28.00	1013
天才中小学生智力测验题.第一卷	2019－03	38.00	1026
天才中小学生智力测验题.第二卷	2019－03	38.00	1027
天才中小学生智力测验题.第三卷	2019－03	38.00	1028
天才中小学生智力测验题.第四卷	2019－03	38.00	1029
天才中小学生智力测验题.第五卷	2019－03	38.00	1030
天才中小学生智力测验题.第六卷	2019－03	38.00	1031
天才中小学生智力测验题.第七卷	2019－03	38.00	1032
天才中小学生智力测验题.第八卷	2019－03	38.00	1033
天才中小学生智力测验题.第九卷	2019－03	38.00	1034
天才中小学生智力测验题.第十卷	2019－03	38.00	1035
天才中小学生智力测验题.第十一卷	2019－03	38.00	1036
天才中小学生智力测验题.第十二卷	2019－03	38.00	1037
天才中小学生智力测验题.第十三卷	2019－03	38.00	1038

刘培杰数学工作室
已出版(即将出版)图书目录——初等数学

书　名	出版时间	定　价	编号
重点大学自主招生数学备考全书:函数	2020－05	48.00	1047
重点大学自主招生数学备考全书:导数	2020－08	48.00	1048
重点大学自主招生数学备考全书:数列与不等式	2019－10	78.00	1049
重点大学自主招生数学备考全书:三角函数与平面向量	2020－08	68.00	1050
重点大学自主招生数学备考全书:平面解析几何	2020－07	58.00	1051
重点大学自主招生数学备考全书:立体几何与平面几何	2019－08	48.00	1052
重点大学自主招生数学备考全书:排列组合·概率统计·复数	2019－09	48.00	1053
重点大学自主招生数学备考全书:初等数论与组合数学	2019－08	48.00	1054
重点大学自主招生数学备考全书:重点大学自主招生真题.上	2019－04	68.00	1055
重点大学自主招生数学备考全书:重点大学自主招生真题.下	2019－04	58.00	1056
高中数学竞赛培训教程:平面几何问题的求解方法与策略.上	2018－05	68.00	906
高中数学竞赛培训教程:平面几何问题的求解方法与策略.下	2018－06	78.00	907
高中数学竞赛培训教程:整除与同余以及不定方程	2018－01	88.00	908
高中数学竞赛培训教程:组合计数与组合极值	2018－04	48.00	909
高中数学竞赛培训教程:初等代数	2019－04	78.00	1042
高中数学讲座:数学竞赛基础教程(第一册)	2019－06	48.00	1094
高中数学讲座:数学竞赛基础教程(第二册)	即将出版		1095
高中数学讲座:数学竞赛基础教程(第三册)	即将出版		1096
高中数学讲座:数学竞赛基础教程(第四册)	即将出版		1097
新编中学数学解题方法1000招丛书.实数(初中版)	2022－05	58.00	1291
新编中学数学解题方法1000招丛书.式(初中版)	2022－05	48.00	1292
新编中学数学解题方法1000招丛书.方程与不等式(初中版)	2021－04	58.00	1293
新编中学数学解题方法1000招丛书.函数(初中版)	2022－05	38.00	1294
新编中学数学解题方法1000招丛书.角(初中版)	2022－05	48.00	1295
新编中学数学解题方法1000招丛书.线段(初中版)	2022－05	48.00	1296
新编中学数学解题方法1000招丛书.三角形与多边形(初中版)	2021－04	48.00	1297
新编中学数学解题方法1000招丛书.圆(初中版)	2022－05	48.00	1298
新编中学数学解题方法1000招丛书.面积(初中版)	2021－07	28.00	1299
新编中学数学解题方法1000招丛书.逻辑推理(初中版)	2022－06	48.00	1300
高中数学题典精编.第一辑.函数	2022－01	58.00	1444
高中数学题典精编.第一辑.导数	2022－01	68.00	1445
高中数学题典精编.第一辑.三角函数·平面向量	2022－01	68.00	1446
高中数学题典精编.第一辑.数列	2022－01	58.00	1447
高中数学题典精编.第一辑.不等式·推理与证明	2022－01	58.00	1448
高中数学题典精编.第一辑.立体几何	2022－01	58.00	1449
高中数学题典精编.第一辑.平面解析几何	2022－01	68.00	1450
高中数学题典精编.第一辑.统计·概率·平面几何	2022－01	58.00	1451
高中数学题典精编.第一辑.初等数论·组合数学·数学文化·解题方法	2022－01	58.00	1452
历届全国初中数学竞赛试题分类解析.初等代数	2022－09	98.00	1555
历届全国初中数学竞赛试题分类解析.初等数论	2022－09	48.00	1556
历届全国初中数学竞赛试题分类解析.平面几何	2022－09	38.00	1557
历届全国初中数学竞赛试题分类解析.组合	2022－09	38.00	1558

联系地址:哈尔滨市南岗区复华四道街10号　哈尔滨工业大学出版社刘培杰数学工作室
网　　址:http://lpj.hit.edu.cn/
邮　　编:150006
联系电话:0451－86281378　　13904613167
E-mail:lpj1378@163.com